南京市江宁区中型灌区节水管理模式研究

张　颖　林　洁　崔金涛　丁鸣鸣
邵光成　章二子　高　阳　编著

黄河水利出版社
·郑　州·

内 容 提 要

本书从南京市江宁区中型灌区节水改造项目实际情况出发，采用定性分析与定量计算相结合、理论研究与实例应用相结合的方法，基于层次分析法构建了一套针对江宁区节水改造项目后评估的指标体系，并从技术可行性因素、节水主体认可性因素和运行可持续性因素三个方面分析了江宁区高效节水技术适宜性，提出了必要的农业种植结构调整策略，形成了适用于江宁区的节水管理模式。研究成果为江宁区中型灌区节水改造建设与管理提供了理论依据，也为同类型灌区节水改造发展提供可借鉴的经验，对提高灌区用水管理水平和水资源高效利用具有重要意义和实用价值。

图书在版编目(CIP)数据

南京市江宁区中型灌区节水管理模式研究/张颖等编著. —郑州：黄河水利出版社，2021. 7

ISBN 978-7-5509-3037-7

Ⅰ. ①南… Ⅱ. ①张… Ⅲ. ①灌区-节约用水-水资源管理-研究-江宁区 Ⅳ. ①S274②TV213. 4

中国版本图书馆 CIP 数据核字(2021)第 137194 号

出 版 社：黄河水利出版社　　网址：www. yrcp. com

地址：河南省郑州市顺河路黄委会综合楼 14 层　　邮政编码：450003

发行单位：黄河水利出版社

发行部电话：0371-66026940、66020550、66028024、66022620(传真)

E-mail：hhslcbs@ 126. com

承印单位：广东虎彩云印刷有限公司

开本：890 mm×1 240 mm　1/32

印张：3. 5

字数：101 千字　　印数：1—1 000

版次：2021 年 7 月第 1 版　　印次：2021 年 7 月第 1 次印刷

定价：30. 00 元

前　言

我国人口多、耕地少、水资源短缺，粮食需求与资源约束刚性并存，保障粮食安全，维护水资源可持续一直是头等大事。农田水利灌溉工程作为农业基础设施和民生工程，对于缓解土地资源、水资源约束发挥了重要支撑作用。中型灌区续建配套与节水改造工作是加快灌区续建配套和现代化改造，加快补齐农村基础设施短板，推动农村基础设施提档升级的有力途径；落实“藏粮于地、藏粮于技”战略，是新时代助推乡村振兴、巩固和提升粮食综合生产能力、保障国家粮食安全的根本举措，是国家粮食安全、加快水利现代化和促进农业现代化的有力保障。许多修建于20世纪六七十年代的灌区，经过多年运行，普遍存在老化失修、水资源浪费、效益衰减等问题。南京市江宁区中型灌区的发展同样面临这些问题，因此开展中型灌区续建配套和节水改造研究具有重要的现实价值。

灌区一直以来都是我国农村农业经济发展的重要原动力，当前各地农村主要围绕一些年久失修的大型灌区投资建设节水改造系统性工程，灌区节水改造工程不仅可以有效提高灌溉水的利用率，还可以利用配套设施优化灌区的配置，增大灌区的灌溉面积；同时必须结合灌区节水改造项目特点，构建相应的综合评价体系，为灌区节水改造及续建配套决策提供科学的依据。现阶段，在灌区高效节水效益评价方面国内外许多学者开展了大量研究，深入分析发现现有研究仍存在如下不足：研究内容无法客观、全面地反映灌区效益评价的总体目标；侧重点过于片面；选择指标的针对性较低，且评价标准具有模糊性特征。加之，灌区节水改造影响因素多、投资资金大且覆盖范围广，续建配套与节水改造属于一个较长的投入过程，不同的方案适宜性不同，因此针对特定地区建立模型系统科学的评价灌区节水改造效果十分重要，根据评价结果揭示各影响因子与改造效果之间的制约关系，能够保证灌区改造项目的可持续发展。

依据《中华人民共和国土地管理法》《中华人民共和国农业法》《中华人民共和国水法》和《基本农田保护条例》等法律法规的有关规定，按照《水利改革发展“十三五”规划》《全国中型灌区节水配套改造“十三五”规划》《国务院办公厅关于推进农业水价综合改革的意见》(国办发〔2016〕2号)和《全国大中型灌区续建配套节水改造实施方案(2016~2020年)》等相关要求，在实地调研的基础上，我们编写了《南京市江宁区中型灌区节水管理模式研究》一书。本书主要从江宁区中型灌区节水改造项目实际情况出发，采用定性分析与定量计算相结合、理论研究与实例应用相结合的方法，基于层次分析法构建了一套针对江宁区节水改造项目后评估的指标体系，并从技术可行性因素、节水主体认可性和运行可持续性因素3个方面分析了江宁区高效节水技术适宜性，提出了必要的农业种植结构调整策略，形成了适用于江宁区的节水管理模式。研究成果为江宁区中型灌区节水改造建设与管理提供了理论依据，也为同类型灌区节水改造发展提供可借鉴的经验，对提高灌区用水管理水平和水资源高效利用具有重要意义和实用价值。

本书编写人员及编写分工如下：第1~3章由张颖撰写，第4~5章由林洁撰写，第6章由崔金涛撰写，第7章由章二子撰写。丁鸣鸣和高阳负责全书统稿，邵光成负责全书的校对整理工作。此外，河海大学研究生卢佳、章坤、王志宇、王羿、侬文莲、崔佳音、徐艺等也参加了课题研究的部分工作。

由于作者水平有限、时间仓促，书中难免有些许疏漏之处，希望广大读者朋友批评指正。

作　者

2021年5月

目　录

前　言
第1章　绪　论 ………………………………………………… (1)
　1.1　研究背景及意义 ………………………………………… (1)
　1.2　研究的指导思想 ………………………………………… (2)
　1.3　研究内容与技术路线 …………………………………… (3)
　1.4　预期主要成果 …………………………………………… (5)
第2章　灌区基本情况与水土资源分析 ……………………… (6)
　2.1　自然条件 ………………………………………………… (6)
　2.2　社会经济发展状况 ……………………………………… (9)
　2.3　水资源评价与供需平衡分析 …………………………… (15)
第3章　灌区节水技术应用现状与需求分析 ………………… (24)
　3.1　灌区已采取节水技术与措施 …………………………… (24)
　3.2　灌区工程建设与管理现状 ……………………………… (33)
　3.3　灌区发展对高效节水及其技术的需求分析 …………… (39)
　3.4　节水技术适应性分析 …………………………………… (45)
第4章　高效节水示范项目后评价 …………………………… (48)
　4.1　灌区节水改造效益指标评估体系 ……………………… (48)
　4.2　基于灰色关联分析法的中型灌区节水改造效益评价
　　　………………………………………………………… (62)
　4.3　项目运行的问题与对策 ………………………………… (68)
第5章　农业节水技术的适宜性分析与优选方法 …………… (72)
　5.1　高效节水技术的适宜性分析 …………………………… (72)
　5.2　灌区高效节水技术的选择 ……………………………… (82)
　5.3　农业种植结构调整 ……………………………………… (84)

第6章 典型灌区节水规划与江宁区灌区节水管理模式 ……… (87)
6.1 典型灌区节水规划 ……… (87)
6.2 江宁区灌区节水管理模式 ……… (93)
第7章 结论与建议 ……… (96)
7.1 结 论 ……… (96)
7.2 建 议 ……… (97)
参考文献 ……… (98)

第 1 章　绪　论

1.1　研究背景及意义

我国灌区大多兴建于 20 世纪 50~70 年代,至今多数存在灌溉可利用水量不足、工程标准偏低、老化失修严重等一系列工程问题,以及管理制度和方法的落后问题。随着我国大型灌区续建配套和节水改造任务的顺利实施,灌区的经济效益和社会效益得到明显提高,占有重要地位的中型灌区的节水配套改造建设也逐渐受到重视,但因其数量庞大,投入资金有限,每年只有一部分中型灌区被列入节水配套改造计划并实施。因此,如何从未改造的中型灌区中挑选有限的灌区作为改造计划对象?对挑选出的灌区采取什么样的节水技术和管理方案?已经投入了大量资金而改造过的灌区产生效果如何,有什么经验与教训?这些问题是中型灌区持续改造与发展所面临的迫切需要解决的。对已改造中型灌区节水技术的使用效果进行客观有效的评价,是衡量投入资金效率的重要依据;同时结合中型灌区节水改造建设项目的经验,对中型灌区的节水配套改造模式进行研究,寻找经济适用的发展模式,是解决这项问题的关键所在。江宁区中型灌区的发展同样面临这些问题,而且当前农业水价综合改革和高效节水灌溉是中型灌区所面对的新的任务,而灌区基础设施和节水改造又是农业水价综合改革的重要基础,因此开展中型灌区节水配套改造项目评价、节水技术的适应性、节水改造模式以及相应对策的研究具有重要的理论意义和实际需求。

按照《中华人民共和国国民经济和社会发展第十三个五年规划纲要》和《水利改革发展"十三五"规划》提出到 2020 年"完成 434 处大型灌区续建配套和节水改造任务"等要求,国家发展改革委、水利部组织编制了《全国大中型灌区续建配套节水改造实施方案(2016—2020

年)》(简称《实施方案》)。《实施方案》总结分析了灌区续建配套节水改造工程实施现状和问题,提出"实行差别化的中央投资补助政策",也亟需开展对灌区节水管理模式的研究。江宁区长期以来重视农田水利工程的建设,多年来投入了大量资金对农田水利工程进行改造维修,而工程维修养护所产生的节水效果还没有直观的认识,也迫切需要建立一套灌区节水改造评价方法,掌握这项工程项目的实际效果及其不足之处,研究适合江宁不同地区特点的节水技术和管理模式,为江宁中型灌区改造项目挑选、高效节水灌溉技术优选等提供理论依据。

1.2 研究的指导思想

全面贯彻党的十九大,十九届三中、四中全会和习近平新时代中国特色社会主义思想和总书记系列重要讲话精神,坚持创新、协调、绿色、开放、共享的发展理念,深入实施创新驱动发展战略,按照"节水优先、空间均衡、系统治理、两手发力"新时期水利治水思路,紧密围绕水利改革发展要求,大力推进水利标准化,以促进农业节水和农业生产方式转变为目标,以完善农田水利工程体系为基础,以健全节水模式评价体制形成机制为核心,强化农业用水需求管理,逐步建立农业灌溉用水总量控制和定额管理制度,推进农业集约化用水,完善农业节水机制,推进高效节水灌溉工程模式,加强农业节水灌溉综合措施,强化农业节水的科技支撑,着力创新农业节水灌溉工程管理体制,切实保障粮食安全和水安全,为实现"强富美高"新江宁提供有力支撑。

(1)坚持统筹兼顾。农业节水涉及国家、地方、农民等多方利益,其结构复杂、影响范围广、时间跨度长,是一个复杂系统。评价指标体系必须从系统整体的角度出发,将各个评价指标按系统论的观点进行考虑,层层分解总体目标层,确定相应的评价层次,使指标体系具有层次结构完整、整体评价能力强的特点。

(2)坚持科学严谨。指标体系建立在一定的科学基础之上,概念的内涵和外延明确,能够从各个侧面全面完整地度量和反映评价对象的各个主要影响因素及区域农业节水现状和发展趋势;能够科学、有效地从各个侧面反映农业节水对区域经济、环境、社会产生的影响。

(3)坚持具有代表性。影响中型灌区节水改造效果及其节水技术适宜性评价的因素较多,其中有好多因素存在着重复。因此,应选取代表性好、典型性强的指标,尽可能减少信息重叠,使指标体系简洁实用。

(4)坚持切实可行。选取的指标尽可能利用现有资料(如统计年鉴、统计资料、抽样调查、典型调查或相应的内部资料),或在当前科学水平下能够间接进行计算获得,内容简单,概念明确,具有代表性、多用途性、易于量化等特点。在基本满足评价要求与反映决策信息的情况下,尽量减少指标个数,使指标体系具有较高的使用价值和可操作性。

1.3 研究内容与技术路线

1.3.1 研究内容

经过对国内外相关文献资料的查阅,通过对江宁区中型灌区的实地调研考察,结合江宁区中型灌区的特点,在已有的研究基础上,做出以下研究内容:

(1)根据灌区经济水平较高的实际情况,结合灌区规划要求,对江宁区比较具有代表性的横溪河灌区进行水资源评价以及供需平衡分析。

(2)对横溪河灌区、江宁河灌区的节水技术与措施、灌区工程建设与管理现状进行调查汇总,以灌区自身发展的需求以及现代农业和农村发展的需求为出发点,研究论述了农业发展对节水灌溉、水价综合改革的需求以及江宁区中型灌区节水的必要性,结合灌区实际情况,综合比较分析不同节水技术的适应性。

(3)基于灰色关联分析法,建立横溪河灌区的节水改造效益指标评估体系,对横溪河灌区的节水改造效益进行评价,并发现其中的问题及不足,然后提出相应的解决对策。

(4)建立基于实码加速遗传算法的投影寻踪评价模型,对江宁区中型灌区采用的高效节水技术的适宜性进行分析评价;根据高效节水灌溉技术的应用需求,提出必要的农业种植结构调整策略。

(5)以江宁河灌区作为典型灌区,提出江宁河灌区的节水规划方案。

综合以上研究内容,提出江宁区灌区节水管理模式。

1.3.2　技术路线

本研究方案在查阅国内外大量相关文献资料、对中型灌区展开广泛调研的基础上,结合江宁区中型灌区节水配套改造项目实际情况,采用定性分析与定量计算相结合、理论研究与实例应用相结合的实际路线,对中型灌区节水配套改造效益评价及改造模式进行了研究。技术路线图如图 1-1 所示。

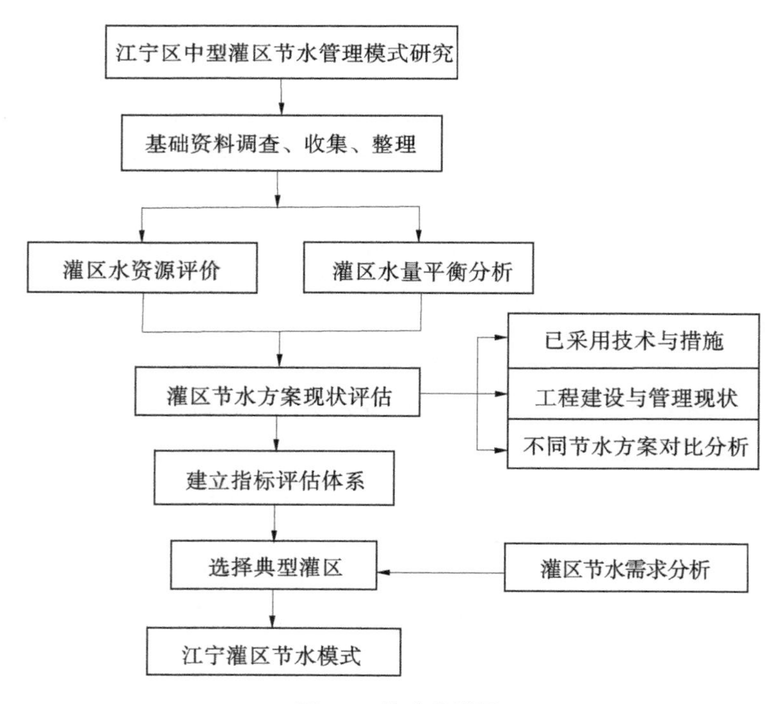

图 1-1　技术路线图

1.4 预期主要成果

本书论述了项目后评估和中型灌区节水改造项目后评估的理论基础,分析了中型灌区节水改造项目后评估的自身特点,提出了项目后评估过程以及后评估指标体系建立应遵循的原则。结合我国大、中灌区节水改造项目实际,针对节水改造项目的目标和任务,提出了一套针对江宁区中型灌区节水改造项目后评估的指标体系,并根据灌区实际情况,制订了中型灌区具体的节水方案。通过节水方案的实施,预期会对江宁区节水型社会的建设起到重要的推动作用。

第2章 灌区基本情况与水土资源分析

2.1 自然条件

2.1.1 地理地形

江宁区位于长江三角洲的南京市南部,从东西南三面环抱南京,介于北纬30°38′~32°13′,东经118°31′~119°04′。东与栖霞区及句容市接壤,南靠溧水区和安徽省的当涂县,西邻安徽省的马鞍山市,西北临长江与浦口区隔江相望,北、东北分别与雨花台区、秦淮区相邻。区域总面积1 563.32 km^2。地理位置见图2-1。

江宁区境内地质条件十分复杂,常态地貌有低山、丘陵、岗地、平原和盆地,其中丘陵岗地面积最大,属宁镇扬丘陵山地的一部分,素有“六山一水三平原”之称。西南、东北多山丘,中部为秦淮河圩区,地势南北高而中间低,形同“马鞍”。境内有大、小山丘400多个,海拔多在300 m左右,低山丘陵和黄土岗地约占总面积的2/3,沿河沿江平原约占1/3。

2.1.2 气候及土壤植被

江宁区属北亚热带季风气候区,处于西风环流控制之下,具有季风明显、降水丰沛、春温夏热、秋暖冬寒、光照充足、四季分明、无霜期长的气候特征。多年平均气温为15.5 ℃,最高气温为40.7 ℃(1959年8月22日),最低气温为-13.3 ℃(1977年1月31日),年平均日照时数2 148.3 h,日照率为49%,平均无霜期224 d。江宁区年平均风速3.6 m/s,最大风速27.8 m/s(1934年7月1日),极大风速39.9 m/s(1934

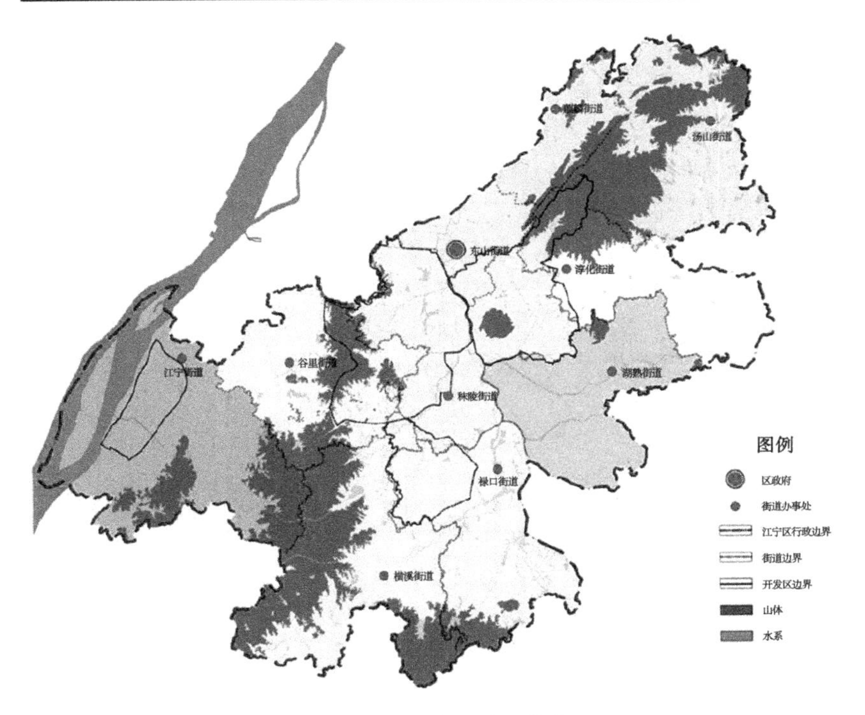

图 2-1　江宁区地理位置

年 7 月 1 日)，主导风向为东北-西南向。夏季以东南风为主。江宁平均每年可有 1~2 次受到台风的影响，主要发生在 6~10 月，其中 8 月最多。

江宁区雨量在年际、季节之间差异较大，丰枯明显，降雨量分布不均。据多年的资料统计，全区多年平均降雨量为 1 012. 1 mm，丰水年高达 2 015. 2 mm(1991 年)，枯水年仅有 479. 8 mm(1978 年)，汛期雨量占全年总降水量的 60%左右。

根据江宁区第二次土壤普查，全区土壤可分为水稻田土、潮土、黄棕土、石灰岩土、紫色土、基性岩土共 6 个土类，11 个亚类，24 个土属，50 个土种。

江宁区的气候既适宜水稻、棉花等植物生长，又能满足三麦、油菜等耐寒作物的需要，并使畜禽、鱼类能繁衍生息。

2.1.3 河流水系

江宁区分属秦淮河、沿江小流域、水阳江3个水系。江宁区水系见图2-2。秦淮河水系面积1 030 km²,占全区面积的66%。秦淮河贯穿全境,是区内主要的行洪河道,秦淮河堤防是东山、新城等6个防洪圈的防洪屏障,保护140万人口和经济贸易的防洪安全。沿江通江小流域水系流域面积454 km²,占全区的29%,主要由和尚港河、天然河等8条相互独立的河道组成,其中由区内直接入江的河道为牧龙河、铜井河、和尚港河、天然河,分别过境区域河道为江宁河、板桥河、七乡河、九乡河。水阳江水系面积较小,仅丹阳河上游在本区内,流域面积77 km²,占全区的5%。

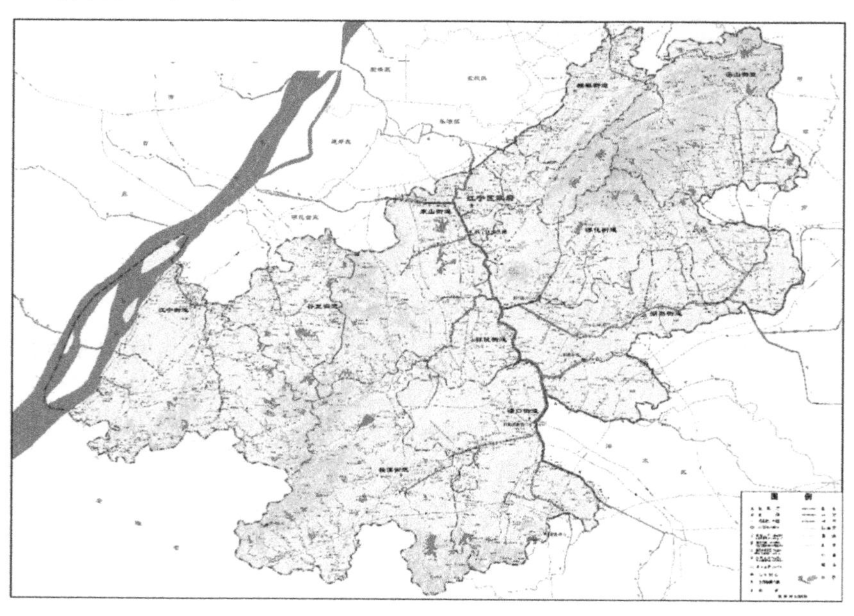

图2-2 江宁区水系

由于江宁区特定的地形、地貌,在区内山丘岗地分布着中小型水库72座、塘坝31座,是南京市水库塘坝最多的区。全区共有314 km² 的面积低于秦淮河等骨干河道的防洪水位,形成四大片圩区,分别为秦淮河片、沿江东片、沿江西片、水阳江片。

秦淮河为江宁区最长河流，全河长 110 km，在区内长约 80.5 km，主要支流有句容河、溧水河、汤水河、索墅河、解溪河、横溪河、云台山河、牛首山河、一干河、三干河，总长共 167.8 km。灌溉全区农田面积 52 万亩（1 亩 = 1/15 hm^2，全书同），占全区农田面积 65%。秦淮新河是 1975～1979 年新开挖的分洪河道，河道全长 18 km（其中江宁区内河长 4.64 km），河面宽 130～200 m，行洪 800 m^3/s，为人工泄洪河。沿江水系分为沿江西片和沿江东片两片区。沿江西片有铜井河、牧龙河、板桥河、天然河、江宁河、星辉河；沿江东片有七乡河、九乡河。区内丹阳镇的丹阳河属于水阳江水系，水流为东南流向，注入石臼湖。

2.2　社会经济发展状况

2.2.1　人口结构

1949 年 4 月 28 日，江宁县人民政府成立，新中国成立后江宁县属镇江专区，1958 年改属南京市，1962 年复归镇江专区，1971 年重新划归南京市。2000 年 12 月，撤县设立南京市江宁区。目前，江宁全区辖东山、秣陵、湖熟、汤山、淳化、禄口、谷里、江宁、横溪、麒麟 10 个街道办事处，3 个开发园区，129 个社区居民委员会，72 个社区村民委员会。

2018 年末全区常住人口 128.77 万人，比上年末增加 3.92 万人，增长 3.1%。其中，城镇常住人口 94.16 万人，占总人口比重（常住人口城镇化率）为 73.12%，比上年末提高 0.62 个百分点。常住人口出生率 13.34‰，死亡率 4.58‰，自然增长率 8.76‰。年末全区户籍总人口为 112.33 万人，比上年末增加 4.43 万人。农村人口 450 919 人。

2.2.2　宏观经济

2018 年经济运行总体稳定。全年实现地区生产总值 2 163.6 亿元，按可比价计算，比上年增长 8.3%。其中，第一产业增加值 65.8 亿元，增长 0.8%；第二产业增加值 1 126.59 亿元，增长 7.3%，其中工业增加值961.05亿元,增长8.4%;第三产业增加值971.21亿元,增长10.2%。

2018年产业结构进一步优化。三次产业增加值比例调整为3.0∶52.1∶44.9。第三产业增加值占地区生产总值比重比上年提高1.4个百分点。

2018年农林牧渔业总产值1 149 503万元,其中农业产值693 436万元。农作物播种面积1 005 669亩,粮食作物合计225 705 t。农村劳动力总计277 360人,其中第一产业从业人员50 289人,第二产业从业人员151 788人,第三产业从业人员75 283人。

2.2.3　现代农业运行情况

2.2.3.1　试点建设农业产业化联合体

农业产业化联合体是龙头企业、农民合作社和家庭农场等新型农业经营主体以分工协作为前提、以规模经营为依托、以利益联结为纽带的一体化农业经营组织联盟,是农业产业化发展的新生事物,也是农业生产向高质量发展的方向。新润食品将联合3家农业企业、5家农民专业合作社、10家家庭农场(专业大户)争创省级产业化联合体,专注于绿色优质农产品的种植、生产、加工、销售。9月初,全市首家稻米产业化联合体在台创园揭牌,该联合体由南京味洲航空食品股份有限公司牵头,南京滨淮米业有限公司、南京稻麦香农业合作社等2家合作社、1家专业稻米加工厂、5家家庭农场共同创建,将共建稻米种植基地5 500多亩,带动农户300多户,预计每年增加收入260余万元,有效解决南京地区稻米加工方式单一、企业规模过小等市场难题。

2.2.3.2　高质量发展农业龙头企业

围绕"带动产业、促进增收"这一目标,截至目前,全区共培育农业龙头企业108家,其中国家级3家,省级12家,市级34家,区级59家,在全省区(县)中走在前列。2018年上半年,新增农业龙头企业15家,超额完成全年任务。实现总销售收入400亿元,同比增加10%,完成全年目标任务的60%。目前,已有46家农业龙头企业通过了ISO9001质量体系认证,3家企业产品获得中国名牌称号、13家企业获得省级名牌称号、10家企业获得市级名牌称号，有4家企业商标获得中国驰名商标。以“云厨一站”“绿蓝子”为代表的新业态不断推出，打破了原有的农业加工流通形式，创新了农产品采购、加工、销售模式，第一、第二、第三产业融合发展的新样式。2018年，全区农产品加工值可望达到450亿元。

2.2.3.3　高质量培育家庭农场

全区农业部门认定家庭农场数量达1 027家，较去年增加268家。其中，省级示范农场25家，市级示范农场15家，区级示范家庭农场51家。今年将新增省级示范家庭农场4家、市级7家、区级26家。家庭农场的发展数量和发展质量均排在全市首位。同时，2018上半年，全区家庭农场经营总面积达到27.5万亩，较2017年末增加2.8万亩，占比达到50%。农业适度规模经营比例达到82%。实施传帮带，谷里街道在全市率先建立粮油类家庭农场联盟，湖熟、淳化、横溪等街道形成家庭农场集群，示范引领和带动老百姓发展生产，家庭农场的农产品比一般农户的更受市场欢迎，年收入高于一般农户10%以上，有效地将现代农业发展红利惠及当地百姓。

2.2.3.4　高质量培育农民专业合作社

全区现有农民专业合作社1 341家，入社成员达8.5万户，辐射带动农户约11.2万户。其中，国家级示范社2家、省级6家、市级7家、区级6家，已列入今年省级农民专业合作社名录的数量达到176家。今年计划新增农民专业合作社5家，申报国家级示范社2家、省级4家。目前已新增农民专业合作社5家，农民专业合作社参合率达80%以上，专业合作社工商年报公示率达92.1%，完成全年目标任务。实践中，我们重点实施以行业领头合作社为典型示范带动产业化路线，搭建了绿桥瓜果菜合作社带动经济作物产业化，以稻麦香农业合作社、星根种子合作社带动粮食种植产业化，以许高茶叶合作社等平台载体，取得较好效果。湖熟钱家渡围绕“高效水产养殖”特色产业定位，成立“钱家渡高效特色水产”农民专业合作社，规划了2 300余亩的高效水产养殖基地、蔬菜基地以及稻米种植基地，引导种植、养殖大户引进新品种、新技术，辐射带动周边农户共同致富。

2.2.4　中型灌区概况

江宁区现有 9 个中型灌区，分别是江宁河灌区、横溪河灌区、林塘灌区、上坝河灌区、七乡河灌区、下坝灌区、姚李灌区、管潭灌区和老丘口灌区，其中江宁河灌区和横溪河灌区设计灌溉面积均超 10 万亩，其余中型灌区设计灌溉面积均在 10 万亩以下。江宁区中型灌区所处的水资源三级区为长江区—湖口以下干流—青弋江和水阳江及沿江诸河水资源区。从江宁区 9 个中型灌区中选取江宁河灌区和横溪河灌区作为代表性灌区进行介绍。

2.2.4.1　江宁河灌区

江宁河灌区位于江宁区西南部，灌区总面积 120 km^2，现有耕地面积 10.2 万亩，区内包括江宁、谷里 2 个街道。江宁河既是江宁河流域的行洪河道，又是江宁河灌区的引水河道，由江宁河引长江水灌溉。江宁河河道总长度 25.46 km，其中江宁区境内长度 19.6 km(张家坝—入江口)，流域面积约 199.6 km^2，其中江宁区境内流域面积 129.1 km^2。江宁河闸距江宁河入江口约 800 m，主要功能防洪、蓄水灌溉，闸净宽为 3 孔×10 m，闸底高程 3.0 m，设计洪水标准 20 年一遇，设计流量 373 m^3/s，设计挡洪水位 11.58 m。2001 年建成后对下游挡洪及流域内蓄水灌溉发挥了较大经济效益和社会效益。

江宁河灌区经过多年的建设，已初步形成了引、蓄、灌、排工程体系。江宁河是灌区的主要引水河。团结、花塘、石山、河西、陆塘、江家和金家等 7 条抗旱线为灌区干渠，也是灌区周边的中小型水库的补充水源。灌溉用水紧张季节，通过灌区提水泵站引长江水灌溉，而灌区内外水库、塘坝是灌区的重要水源；非灌溉季节，水库、塘坝若缺水，可由泵站通过灌溉干渠向其补水。

2016 年，江宁河灌区工程项目总投资 2 189.38 万元，其中中央资金 1 000 万元、省级补助 744.69 万元，市级补助 150 万元，区级自筹 294.69 万元。审计核定完成投资 1 847.21 万元，其中工程费用 1 719.15 万元，独立费用 128.06 万元。

江宁河灌区节水配套改造项目主要建设内容如下：

(1)改造泵站灌溉渠道 12 条,共 9 125 m,分别为团结站灌溉渠道 1、团结站灌溉渠道 2、山腰站出水渠道、蒋家湾站出水渠道 1、蒋家湾站出水渠道 2、蒋家湾站出水渠道 3、陆塘站出水渠道、大荷站出水渠道、水桥二道站渠道、河西抗旱站渠道、方村站出水渠道、岘下站出水渠道。

(2)整治河道 3 条,分别为江宁河、油坊桥和江宁河上游张家坝河段,总长 7 060 m。

(3)改造泵站 9 座,其中灌溉泵站 8 座(柏水桥站、水桥一道站、高丰站、河西一道站、河西二道站、河西四道站、山腰站和方村抗旱站),灌排站 1 座(杭家站),对雷古圩泵站进行泵房出新更新设备,新增涧边、黄塘、坝西 3 个灌溉泵站。

(4)拆建涵洞 5 座,分别为高丰涵、杭家涵、柏水桥涵、平桥涵和小河嘴涵。

(5)拆建渠系配套建筑物 42 座,其中机耕桥 2 座、过路涵 40 座。

灌区改造项目实施后,改善了灌区农业生产条件,促进了农村基础设施建设,提高了工程安全性,改善了灌区生产生活条件,降低了灌溉成本,提高了农民收入,为农业产业结构调整和农民脱贫致富以及农村经济的发展创造了条件。灌区灌溉水利用系数从 0.60 提高到 0.67 左右。灌溉用水量将大幅度减少,灌区配套改造工程完成后提水量减少,节水、节能效果显著。节省水费约 171.28 万元/年。新增农业产值 335.59 万元/年。灌区改造项目实施后,有效遏制和改善了灌区旱涝现象,带动了农村环境的治理,改变了农村面貌。

此外,灌区实行定岗定编,实行机构管理改革,完善量水设施,按成本收取水费,使灌区的良性循环得以实现,为国民经济和农业的可持续发展提供了可靠保障。

2.2.4.2　横溪河灌区

横溪河灌区位于南京市江宁区南部,属低山丘陵和沿河圩区混合区。横溪河灌区气候受季风特征影响,属亚热带季风气候区,气候湿润,温暖宜人,四季分明,日照充足。灌区光、热、水资源较丰富,分配比较协调,适宜水稻、棉花、小麦、油菜等作物生长。灌区范围包括横溪、禄口两个街道,总面积 57 万亩,现有耕地面积 12.6 万亩。横溪河灌区的主要水源为秦淮河，横溪河为灌区的总干渠。汤村翻水线、横溪西翻水线、赵村溢洪河、徒盖河翻水线为灌区4条干渠。灌区周边的中小型水库为灌区的补充水源。

2010年横溪河灌区静态总投资为2 429.72万元，其中建筑工程费1 547.90万元，金属结构设备及安装工程费157.05万元，机电设备及安装工程费355.70万元，施工临时工程费61.82万元，环保土保工程费15万元，独立费用138.94万元，预备费106.87万元，征地拆迁补偿费46.44万元。

续建配套与节水改造工程的主要包括以下内容：

(1)对9条支(斗)渠渠道进行护砌。

(2)拆建13座小型泵站，维修加固3座小型泵站。

(3)拆建1座滚水坝。

(4)3条河道(渠道)清淤工程。

(5)1 700 m渡槽维修加固。

(6)1 550 m隧洞清淤工程。

此次工程通过工程措施、技术措施、管理措施，即通过对灌区骨干工程的完善和配套，通过推广高产节水灌溉制度，提高了水资源的利用率，为发展“三高一优”农业，实现农业现代化创造了条件；为推行灌区管理体制、运行机制和水价改革，实现灌区良性运行和可持续发展奠定了基础。横溪河灌区节水改造配套项目实施后，因泵站拆建、维修，3.08万亩耕地灌溉保证率提高到85%；因干渠疏浚和翻水线配套建筑物的加固改造，使9.52万亩耕地的灌溉条件得到改善。

此次工程项目中，共有16座泵站拆建、改造，总功率为2 187 kW。经拆建、改造后泵站效率提高，以提水效率比现状提高15%计算，节能46.16万kW·h，农业电费按0.275元/(kW·h)计算，共节省电费12.69万元。

灌区改造工程实施后，满足了灌区范围内农田的正常灌溉需要，并充分发挥水利工程服务农业的作用，大大改善灌区目前的农业生产条件，生产出更多、更好的粮食等农副产品，加快农村发展速度，增加农民收入，并促进社会安定和整个地区的经济与各项事业的发展。

2.3　水资源评价与供需平衡分析

从江宁区 9 个中型灌区中选取设计灌溉面积最大、覆盖面积最广、最具代表性的横溪河灌区作为研究分析对象。

2.3.1　水平年、代表年(典型年)的确定

根据灌区经济水平较高的实际情况,结合灌区规划要求,本次规划现状水平年取为 2017 年,近期水平年为 2020 年,设计水平年为 2025 年。灌区用水主要是农业用水,在不同水文年份工业用水、环境用水和居民用水变化不大,因此应根据农业灌溉用水量的变化选择用水设计典型年。

灌溉用水量和降雨时间分配关系密切。相同降雨量条件下,不同雨型分布对灌溉用水量影响很大。按照《灌溉与排水工程设计标准》(GB 50288—2018)要求,应采用作物灌溉定额进行频率计算,根据灌溉用水量频率,选择设计典型年。

横溪河灌区可供水源主要是降雨径流和水库供水。根据灌区 1951~2017 年的历年降雨资料进行排频计算,选定不同的灌溉保证率的典型年,并分别计算现状年在设计平水年(保证率 50%,典型年为 1997 年)、设计中旱年(保证率 75%,典型年为 1992 年)、设计干旱年(保证率 85%,典型年为 1967 年)的设计降雨径流量。不同频率代表年的降雨量见表 2-1。

表 2-1　各种代表年降雨量统计表

年型	代表年	汛期雨量(mm)	年降雨量(mm)
设计平水年(P=50%)	1997	692.2	987.8
设计中旱年(P=75%)	1992	502.1	842.8
设计干旱年(P=85%)	1967	491.5	728.4

从需水量和降雨频率分析来看，由于雨型分布不同，两者的频率相差较大。

2.3.2　水资源评价量计算

水资源评价量是指在天然状态下某种保证率的水资源量，包括当地地表水、地下水及可以利用的上游来水量。

2.3.2.1　当地地表水资源评价量

地表水资源评价量是指流域的水资源在未被利用的情况下当地产生的地表径流量。灌区属于低山丘陵区，汛期雨量集中，径流系数较大。从《江宁区地表水资源现状调查》和《江苏省水文手册》，可得灌区不同月份降雨量径流关系。当 $P<50$ mm 时，$R=0$；当 $P>400$ mm 时，$R=P-126$。

根据设计典型年的降雨资料，可得不同灌溉保证率条件的径流深度和年径流量。分析相关资料，保证率为50%、75%、85%代表年的径流可利用率分别为0.65、0.75、0.80。计算结果见表2-2。

表2-2　江宁区横溪河灌区年降雨径流关系

年型	年降雨量（mm）	径流深度（mm）	年径流量（万 m^3）	可利用径流量（万 m^3）
设计平水年（$P=50\%$）	987.8	199.37	1 675.6	1 088.75
设计中旱年（$P=75\%$）	842.8	165.50	1 386.7	1 040.02
设计干旱年（$P=85\%$）	728.4	118.82	998.6	798.40

2.3.2.2　过境水量和引水量

根据《南京市江宁区水资源配置规划》，秦淮河上游多年平均过境水量为46 246万 m^3；根据统计资料，横溪河灌区周边有赵村、驻驾山、大砚、新拗、明镜寺等中小型水库。这些水库多年平均兴利库容总和为1 155.5万 m^3。

横溪河是本灌区的一级灌溉渠道，水源为秦淮河，灌区水量不足时通过秦淮河向灌区主干渠横溪河补水,以满足灌区需水要求。横溪河渠首站为秦淮新河抽水站。秦淮新河抽水站设计流量为40 m^3/s。一般干旱年提水量可达25 920万 m^3(一般干旱年为75%保证率年份,最大提水流量为40 m^3/s,每日开机时间20 h,年补水天数为90 d)。由此可见,灌区水源充沛。

灌区干渠水源为横溪河,通过一级站提水。一级泵站共4座,为汤村翻水线船墩子站、横溪镇西翻水线镇一道站、赵村水库溢洪河姜林站和徒盖河翻水线牛角山站,一级站总设计流量为5.49 m^3/s。按每年工作120 d,每天开机时间22 h计算,灌区4座一级泵站从横溪提水量可达5 217.70万 m^3。

2.3.2.3　灌区回归水量和污水再利用量

根据江宁区水务局统计资料,目前灌区灌溉回归水量为灌溉水量的15%左右。但由于丘陵区回归水难以利用,故本次规划不考虑该部分水量。

根据统计资料,目前灌区工业污水排放量为460万 m^3。现状年污水利用量约为排放量的20%,利用量为92万 m^3。测算2020年污水排放量为工业用水量的30%,规划污水利用量为138万 m^3(见表2-3)。2025年排放量为工业用水量的60%,规划污水利用量241万 m^3(见表2-4)。

2.3.2.4　地下水资源量

根据《南京市江宁区水资源配置规划》,灌区属侏罗系火山岩为主的裂隙水区,地下水可开采量为1 940万 m^3。

表2-3　2020年横溪河灌区可利用水量计算成果

年型	可利用水量(万 m^3)				
	本区径流	水库引水	区外引水	污水利用	总计
设计平水年(P=50%)	1 088.75	1 155.5	5 217	138	7 599.25
设计中旱年(P=75%)	1 040.02	1 155.5	5 217	138	7 550.52
设计干旱年(P=85%)	798.40	1 155.5	5 217	138	7308.90

表 2-4　2025 年横溪河灌区可利用水量计算成果

年型	可利用水量(万 m^3)				
	本区径流	水库引水	区外引水	污水利用	总计
设计平水年(P=50%)	1 088.75	1 155.5	5 217	241	7 702.25
设计中旱年(P=75%)	1 040.02	1 155.5	5 217	241	7 653.52
设计干旱年(P=85%)	798.40	1 155.5	5 217	241	7 411.90

2.3.3　灌区用水量分析

用水部门不同保证率用水量是指在某种生产条件下，遇到不同频率的雨情、水情、旱情，各用水部门需要的水量。灌区工业用水、城镇生活用水、环境用水等所占比重较小，且随水文年份变化不大。而农业用水则与自然界的水文气象条件有密切的联系，不同年份用水量变化主要考虑农业用水变化。

2.3.3.1　农业用水

农业灌溉用水由灌溉定额、灌溉面积、渠系水利用系数来计算。由于灌区改造配套前渠道渗漏严重，灌溉水利用系数较低，故需采用改造后灌溉水利用系数和规划灌溉面积进行计算。

灌区规划灌溉面积 12.6 万亩，根据江宁区农业节水目标，2020 年水稻田灌溉水利用系数提高到 0.65，蔬菜灌溉水利用系数提高到 0.68；2025 年水稻田灌溉水利用系数提高至 0.72，蔬菜灌溉水利用系数提高到 0.75。2020 年和 2025 年农业用水量分别见表 2-5 和表 2-6。

表 2-5　2020 年农业用水量汇总表

年型	作物种类	种植面积（亩）	净灌定额（m^3/亩）	毛灌定额（m^3/亩）	毛灌水量（万 m^3）	毛灌水总量（万 m^3）
设计平水年（$P=50\%$）	水稻	55 500	350	538	2 988	4 058
	小麦	6 000	0	0	0	
	油菜	14 800	0	0	0	
	蔬菜	58 200	125	184	1 070	
	其他	43 000	0	0	0	
设计中旱年（$P=75\%$）	水稻	55 500	400	615	3 415	5 170
	小麦	6 000	20	31	18	
	油菜	14 800	19	29	43	
	蔬菜	58 200	180	265	1 541	
	其他	43 000	23	35	152	
设计干旱年（$P=85\%$）	水稻	55 500	438	674	3 740	5 494
	小麦	6 000	20	31	18	
	油菜	14 800	19	29	43	
	蔬菜	58 200	180	265	1 541	
	其他	43 000	23	35	152	

表 2-6　2025 年农业用水量汇总表

年型	作物种类	种植面积（亩）	净灌定额（m^3/亩）	毛灌定额（m^3/亩）	毛灌水量（万 m^3）	毛灌水总量（万 m^3）
设计平水年（$P=50\%$）	水稻	53 300	350	486	2 591	3 636
	小麦	6 000	0	0	0	
	油菜	14 500	0	0	0	
	蔬菜	62 700	125	167	1 045	
	其他	41 000	0	0	0	
设计中旱年（$P=75\%$）	水稻	53 300	400	556	2 961	4 652
	小麦	6 000	20	28	17	
	油菜	14 500	19	26	38	
	蔬菜	62 700	180	240	1 505	
	其他	41 000	23	32	131	
设计干旱年（$P=85\%$）	水稻	53 300	438	608	3 242	4 933
	小麦	6 000	20	28	17	
	油菜	14 500	19	26	38	
	蔬菜	62 700	180	240	1 505	
	其他	41 000	23	32	131	

2.3.3.2　工业和三产用水

随着技术提高，万元产值综合需水量将会有所降低。根据《江苏省中长期供水计划报告》(江苏省计委和水利厅统计)资料，2020 年乡镇企业产值达到 303 613 万元，单位用水量 19.8 m^3/万元，用水量 601 万 m^3。2025 年预计乡镇企业产值达到 427 983 万元，单位用水量 16.8 m^3/万元，用水量 721 万 m^3。

2.3.3.3　人畜用水

人畜用水按照每天消耗定额确定。标准根据《江宁区“十三五”林副业规划》预测资料进行计算,计算结果见表 2-7 和表 2-8。

表 2-7　横溪河灌区居民用水量预测表

水平年	农村			城镇		
	人口(人)	标准[L/(人·d)]	用水量(万 m^3/年)	人口(人)	标准[L/(人·d)]	用水量(万 m^3/年)
2020 年	64 620	110	259	10 519	200	77
2025 年	66 584	150	364	10 839	250	99

表 2-8　横溪河灌区牲畜用水量预测表

水平年	牲畜			家禽		
	存栏量(头)	标准[L/(头·d)]	用水量(万 m^3)	存栏量(羽)	标准[L/(羽·d)]	用水量(万 m^3)
2020 年	25 000	22	20.08	500 000	4	73
2025 年	20 000		16.06	400 000		58.4

由灌区农业需水量、乡镇企业需水量及人畜需水量可得灌区设计水平年总需水量,见表 2-9、表 2-10。

表 2-9　2020 年灌区用水量预测表　(单位:万 m^3)

年型	农业用水	农村人畜用水	工业用水	城镇生活用水	合计
设计平水年($P=50\%$)	4 058	352	601	77	5 088

续表 2-9　（单位：万 m³）

年型	农业用水	农村人畜用水	工业用水	城镇生活用水	合计
设计中旱年（*P*=75%）	5 170	352	601	77	6 200
设计干旱年（*P*=85%）	5 494	352	601	77	6 524

表 2-10　2025 年灌区用水量预测表　（单位：万 m³）

年型	农业用水	农村人畜用水	工业用水	城镇生活用水	合计
设计平水年（*P*=50%）	3 636	438	721	99	4 894
设计中旱年（*P*=75%）	4 652	438	721	99	5 910
设计干旱年（*P*=85%）	4 933	438	721	99	6 191

2.3.4　水资源供需平衡分析

一般水资源供需平衡分析应考虑各种可利用水量和各项需水量，对本灌区而言，主要用水量为灌溉用水、工业用水和居民生活用水。横溪河灌区水资源供需平衡计算结果如表 2-11、表 2-12 所示。

表 2-11　2020 年灌区水资源供需平衡表　（单位：万 m³）

年型	保证率	可供水量	需水量	余缺
现状年	*P*=50%	7 599	5 088	2 511
	P=75%	7 551	6 200	1 351
	P=85%	7 309	6 524	785

表 2-12　2025 年灌区水资源供需平衡表　（单位：万 m^3）

年型	保证率	可供水量	需水量	余缺
现状年	$P=50\%$	7 702	4 894	2 808
	$P=75\%$	7 654	5 910	1 744
	$P=85\%$	7 412	6 191	1 221

由表 2-11、表 2-12 可见，若灌区可供水量不计从秦淮新河的饮水量，灌区当地水资源平时难以满足工农业生产要求。秦淮河和长江相连，水源丰富，可以满足水量要求。但是必须看到，通过从秦淮河提水补充，成本较高，因此实行节水灌溉，势在必行。

因此，经过节水改造后，在设计灌溉保证率下，水资源能够满足灌区 12.6 万亩的灌溉要求。在中等干旱年份和平水年，水量较为充足。

第3章 灌区节水技术应用现状与需求分析

3.1 灌区已采取节水技术与措施

3.1.1 灌区已采取节水技术

推广节水灌溉,转变用水观念和模式,能够推动农村经济结构调整和产业的升级。随着江宁区经济的发展,一些龙头性农业产业园区先后诞生。江宁区对发展高效节水灌溉服务现代农业的需求也越发强烈。根据相关规划,因地制宜地选择合理的灌溉方式,根据本地的地形、地貌、气候、土壤、农作物等现状进行高效节水灌溉推广显得尤为迫切。

多年来江宁区水务局以小型农田水利重点县、农田水利重点片区为抓手,结合重点泵站及骨干翻水线改造,集中投入、连片治理,大力开展农业节水工程建设,建设重点为大中型灌区续建配套与节水改造项目、规模化高效节水灌溉项目、农业节水减污工程项目等,实现节水惠农强农。

在横溪河灌区,2001~2008 年完成护砌渠道长 8 440 m,具体如表 3-1 所示。

表 3-1 横溪河灌区渠道已护砌段统计表(2001~2008 年度工程)

序号	建筑物名称	位置	护砌长度(m)	流量(m^3/s)	渠道高度(m)	渠道底宽(m)	受益面积(亩)	建设时间
1	抗旱渠	徒盖	1 000	0.3	1.2	1.0	500	2001 年
2	U 形防渗渠	长兴圩	1 200	0.3	0.6	0.6	500	2002 年

续表 3-1

序号	建筑物名称	位置	护砌长度(m)	流量(m^3/s)	渠道高度(m)	渠道底宽(m)	受益面积(亩)	建设时间
3	泥塘出水渠	陈巷	600	0.4	1.6	1.0	1 000	2002年
4	抗旱沟	桑园	1 800	0.25	1.0	1.0	800	2002~2004年
5	泥塘出水渠	徒盖	1 400	0.25	1.0	1.0	1 200	2005年
6	驻驾山水库	桑园	1 500	0.4	1.5	1.0	600	2005年
7	毛朗头出水渠	陈巷	450	0.2	1.0	0.8	120	2006年
8	朱坊出水渠	陈巷	90	0.2	1.0	0.8	80	2006年
9	定塘出水渠	陈巷	400	0.8	2.5	1.5	300	2006年

2010年横溪河灌区改造项目中又对不满足运行要求的渠道进行了进一步改造,具体如表3-2所示。

表3-2 横溪河灌区2010年度工程渠道统计表

序号	建筑物名称	位置	护砌长度(m)	流量(m^3/s)	渠道深度(m)	渠道底宽(m)	受益面积(亩)	说明
1	泥塘站—安桥站灌溉渠	禄口	600	0.159	1.2	1.2	994	挖方、填方
2	泥塘站—尖山站灌溉渠	禄口	510	0.108	1.0	0.8	685	挖方、填方
3	定塘站出水灌溉渠	禄口	900	0.121	1.0	0.8	767	挖方、填方
4	安桥站出水灌溉渠	禄口	400	0.114	1.0	0.8	725	挖方、填方
5	西庄站出水灌溉渠	禄口	1 260	0.137	1.0	0.9	847	挖方、填方
6	汤村翻水线灌溉渠1段 一道站出口渠道	横溪	350	0.885	1.8	2.5	5 610	挖方、填方

续表 3-2

序号	建筑物名称		位置	护砌长度（m）	流量（m^3/s）	渠道深度（m）	渠道底宽（m）	受益面积（亩）	说明
7	汤村翻水线灌溉渠2段	徐柏村桥至何马厂隧洞进口渠道	横溪	650	0.583	1.5	1.8	3 690	挖方、填方
8		何马厂隧洞至汤村水库大坝石渠	横溪	430	0.494	1.5	1.8	3 122	挖方、填方
9		细塘控制闸至黄岗渡槽进口渠道	横溪	650	0.527	1.5	1.8	3 346	挖方、填方
10		黄岗渡槽出口至三道站隧洞进口	横溪	700	0.544	1.5	1.8	3 446	挖方、填方
11	汤村翻水线灌溉渠3段	大棚石渠至龙埂隧洞渠道	横溪	500	0.268	1.2	1.2	1 700	挖方、填方
12	汤村翻水线灌溉渠4段	龙埂隧洞至四道站石渠渠道	横溪	770	0.224	1.0	1.0	1 420	挖方、填方
13		四道站石渠出口至半山石渠渠道	横溪	1 280	0.212	1.0	1.0	1 340	挖方、填方
合计			—	9 000	—	—	—	27 692	—

江宁区 2012 年度高效节水灌溉重点县项目,分三年实施,其高效节水灌溉工程涉及江宁区多个中型灌区。2012 年实施谷里、横溪 2 个街道,建设面积 20 180 亩,其中管灌 7 300 亩,喷灌 3 980 亩,滴灌 8 900 亩。2013 年实施汤山、淳化 2 个街道,建设面积 20 100 亩,其中管灌 5 000 亩,喷灌 14 100 亩,滴灌 1 000 亩。2014 年高效节水灌溉工程项目区包含禄口、湖熟、秣陵 3 个街道,建设面积 20 000 亩,其中管灌 9 300 亩,喷灌 7 800 亩,滴灌 2 900 亩。主要作物为水稻、茶叶、苗木、果树和蔬菜等,灌溉形式为管灌、喷灌和微灌,具体内容如表 3-3 所示。

表 3-3　高效节水灌溉工程汇总表　（单位:万亩）

项目类型	项目名称		数量
高效节水灌溉	管灌	大田粮食作物	1.0
		大田经济作物	0.68
		设施农业	0.2
		林果草	0.28
		小计	2.16
	喷灌	大田粮食作物	0.2
		大田经济作物	0.866
		设施农业	1.312
		林果草	0.41
		小计	2.588
	微灌	大田粮食作物	0
		大田经济作物	0
		设施农业	1.21
		林果草	0.07
		小计	1.28

在江宁河灌区，2010～2015 年完成护砌渠道长 7 800 m，具体如表 3-4 所示。

表 3-4　江宁河灌区渠道已护砌段统计表(2010～2015 年度工程)

序号	建筑物名称	位置	护砌长度(m)	流量(m^3/s)	渠道高度(m)	渠道底宽(m)	受益面积(亩)	建设时间
1	矩形混凝土渠	荷花	1 200	1.5	1.6	1.2	1 500	2013 年
2	预制板渠	上湖	2 400	0.6	0.6	0.4	3 000	2014 年
3	预制板渠	朱门	1 600	0.5	0.5	0.4	1 400	2012 年
4	预制板渠	花塘	2 600	0.7	0.6	0.5	2 600	2012 年

2016 年，江宁河灌区改造工程中又对江宁河灌区中部分边坡无护砌的土渠，多年使用出现冲刷、坍塌严重的渠道进行整治，具体如表 3-5 所示。

表 3-5　江宁河灌区现状渠道主要参数

序号	名称	长度(m)	纵坡比	底宽(m)	坡比	深度(m)	护砌形式
1	团结站出水渠道 1	300	1/500	0.6～3.3	1∶0.3～1∶0.5	0.6～1.7	混凝土板
2	团结站出水渠道 2	500	1/500	0.6～3.3	1∶0.3～1∶0.5	0.6～1.7	土渠
3	山腰站出水渠道	230	1/500	0.4～0.6	1∶0.2～1∶0.5	0.4～0.8	混凝土板
4	蒋家湾站出水渠道 1	270	1/1 000	0.3～0.5	1∶0.3～1∶0.5	0.4～1.2	混凝土板

续表 3-5

序号	名称	长度(m)	纵坡比	底宽(m)	坡比	深度(m)	护砌形式
5	蒋家湾站出水渠道2	720	1/1 000	0.4~1.0	1:0.3~1:0.7	0.6~1.0	混凝土板
6	蒋家湾站出水渠道3	490	1/1 000	0.4~0.8	1:0.5~1:1.0	0.4~0.6	土渠
7	陆塘站出水渠道	680	1/500	0.3~1.4	1:0.2~1:0.6	0.5~0.7	混凝土板
8	大荷站出水渠道	820	1/300	0.4~0.8	1:0.3~1:0.8	0.5~1.1	混凝土板
9	水桥二道站出水渠道	2 000	1/1 000	0.3~1.2	1:0.5~1:2.0	0.5~1.4	混凝土板
10	河西抗旱线渠道	1 910	1/500	0.2~1.3	1:0.5~1:2.5	0.3~0.9	混凝土板
11	方村站出水渠道	740	1/500	0.4~1.0	1:0.2~1:0.6	0.5~1.2	土渠
12	岘下站出水渠道	465	1/200	2.2~5.4	1:0.3~1:1.5	0.7~1.5	土渠
合计		9 125					

围绕江宁节水型社会建设的总体目标和节水型社会总体布局，针对江宁区丰水地区开展节水型社会建设的总要求，提高水分生产率，建设生态文明社会。目前，江宁区农业高效节水灌溉工程分布情况如图3-1所示。从图3-1中可以看出，基本上各个中型灌区都涉及有农业高效节水灌溉工程。

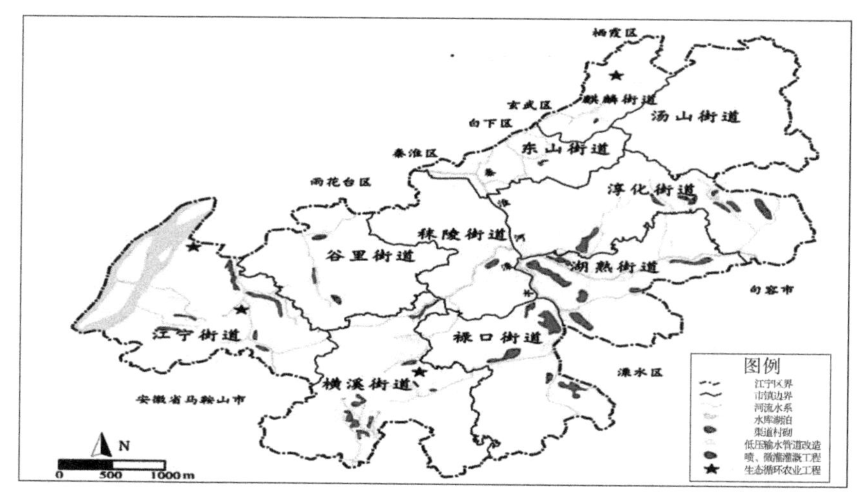

图 3-1　江宁区农业高效节水布局图

3.1.2　灌区采取节水措施

全区把农业节水作为方向性、战略性大事来抓，纳入农业供给侧结构性改革的重要任务，继续实施农业节水工程，完善农业节水激励机制，积极推行灌溉用水总量控制、定额管理，配套农业用水计量设施，加强灌区监测与管理信息系统建设，提高精准灌溉水平。推广农机、农艺和生物技术节水措施，实现输水、用水全过程节水，全面提高水土资源利用效率和效益。全区以提高农业用水有效利用效率为核心，通过调整农业种植结构、按照水稻推广“渠道防渗+田间控制灌溉+制度节水”节水模式，山区、丘陵、林果等旱作农业推广“渠道防渗或管道输水+田间喷滴灌溉+制度节水”的高效节水灌溉模式，完善农业节水工程措施，构建完备的节水型灌溉工程体系，实现农业用水负增长。以小型农田水利重点县、农田水利重点片区为抓手，结合重点泵站及骨干翻水线改造，集中投入、连片治理，大力开展农业节水工程建设，建设重点为大中型灌区续建配套与节水改造项目、规模化高效节水灌溉项目、农业节水减污工程项目等，在现有的基础上重点采取调整农业生产和用水结构、推广效益农业和特色农业、加快工程设施续建配套、发展田间高效节水灌溉、引进智能灌溉技术和精准节水灌溉等多种措施。2020年，全区节水灌溉面积经测算达到总耕地面积的65%，农田灌溉水有效利用系数提高到0.66以上。

3.1.2.1　调整农业生产和用水结构

充分发挥水资源管理红线的倒逼机制，推进产业结构调整和区域经济布局优化，实现经济社会发展与水资源和水环境承载能力相协调。根据全区水资源、水环境承载能力和城市布局、资源环境禀赋，优化配置水、土、农业、生态等资源，合理调整农业生产布局、农作物种植结构以及农、林、牧、渔业用水结构。重点建设优质水稻、苗木花卉、蔬菜瓜果、特种水产等特色主导产业的生产基地以及农业生态观光休闲基地，围绕农业产出"四高"目标，加快横溪台湾农民创业园、汤山翠谷2个国家级和谷里、淳化、湖熟、江宁现代农业科技园4个省级现代农业园区建设，着力构建"省级现代农业园区发展格局"。每年新增设施栽培（含园艺）面积1万亩，新增高效农业种养面积2万亩，新增瓜果面积0.5万亩。并尽快建成13万亩标准化蔬菜、8.5万亩油菜、8万亩西甜瓜、3万亩草莓、30万亩优质水稻以及6万亩苗木花卉生产基地。

3.1.2.2　推广效益农业和特色农业

在保障主要农业生产基地用水需求的前提下，优化农业产业结构和布局，合理安排作物种植结构，适度发展灌溉规模，控制农业灌溉用水需求的增长，降低农业灌溉用水在全市总用水量中所占的比例。实施"科技兴农"战略，依托江宁区水资源条件和市场需求，抓住江宁区以"六大现代农业示范园区"为依托，重点发展高效农业、生态农业、智慧农业、生物农业，因地制宜，利用重点产业、区域经济优势，发展地方特色和区域优势主导产业；推广优质的高效节水新品种、新技术、新机械，推进农业区域化、规模化、产业化、品牌化，逐步形成有市场竞争力的产业带和产业群体；加强"一村一品"关键技术的研究与攻关，以科技创新促进农业增产增效，建设横溪台湾农民创业园、汤山翠谷农业科技园、谷里绿色蔬菜生产农业园区、湖熟花卉农业园、淳化现代农业示范区等一批农业科技示范园区。

3.1.2.3 加快工程设施续建配套

按照“先挖潜、后配套,先改建、后新建”的原则,加强灌溉水源工程及水资源调配工程建设,完善灌溉供水工程体系,提高灌溉供水保障能力。重点对江宁河灌区、汤水河灌区续建配套与泵站更新改造工程建设,完成大中型灌区泵站改造 7 处。推进横溪、湖熟、淳化等片区小型农田水利工程配套改造,建设塘坝工程 648 座,建设排水沟道 390 km。完善圩口闸及排灌站建设,实施丘陵山区水利设施改造和新建部分翻水线,到 2020 年,圩区灌溉保证率达到 90%,丘陵区灌溉保证率达到 85%。通过中小型灌区渠系建筑物的更新配套和渠道防渗建设,减少渗、漏水损失,提高农业用水效率。

3.1.2.4 发展田间高效节水灌溉

采取不同的模式,进行中小型泵站改造、灌排渠系建筑物与田间节水工程的配套改造。平原地区推广喷灌、滴灌、渗灌等先进高效农业节水灌溉技术,指导种粮大户和规模经营主体开展节水高产栽培技术示范,减少生产成本和水资源浪费;鼓励发展蔬菜设施栽培,宣传耕作覆盖保墒技术和推广耐旱作物新品种,实现节约用水,增产增效;引导经济作物设施栽培区全面配备喷滴灌设备,农业基地建设蓄水池、微灌系统,提高水资源利用率。丘陵山区,合理安排耕作和栽培制度,选育优质耐旱高产品种,提高天然降水利用率;采用深松整地、覆盖保墒、增施有机肥等措施,提高土壤吸纳和保持水分的能力;工程建设以蓄为主,蓄引提调结合,兴建塘坝、大口井、截洪沟、水池等蓄水工程。到 2020 年底测算,全区节水灌溉工程面积达到 52.6 万亩左右,占耕地面积比例达到 65%,完成 4.6 万亩高效节水灌溉设施建设,新建高效农业节水示范片 5 处,完成 6 项以上的农业节水示范工程建设。

3.1.2.5 引进智能灌溉技术,实现精准节水灌溉

结合江宁区实际情况,针对传统漫灌、浇灌效率低,而且造成水资源浪费的问题,推进农业灌溉用水总量控制和定额管理,并引进先进的“遥控+滴灌”的智能灌溉技术。控制中心可以依托先进的物联网技术,向分布在各地的信号接收器发出命令,接收器收到信息后,通过压力传感器直接指挥铺设在农田的排水管道,打开或关闭电磁阀门。根

据植物的需水量和需养量,直接将水和肥料送到植物根部,提高水资源及农药的使用精准度,在保证作物正常生长基础上,实现节水效率、效益最大化和农业面源污染最小化。

3.2　灌区工程建设与管理现状

3.2.1　灌区工程建设基本情况

近年来,江宁区农村基础水利设施建设取得一定的成绩,水利工程防灾减灾能力得到较大的提升,为全区的经济建设和繁荣创造了良好的基础环境。2000 年以来,江宁区农田水利建设进入黄金时期,开展并建设了许多国家级、省级、市级项目。“十二五”期间,江宁区进一步调整治水思路,拓宽服务领域,加快了从传统水利向现代水利、可持续发展水利的转变,特别是水利现代化达标建设以来,农田水利建设全面展开,农村河道疏浚、灌排泵站改造等面上小农水工程继续推进,农田水利重点县、农田水利重点片区、高效节水灌溉重点县等重点工程陆续开展。通过长期以来的艰苦努力,江宁区小型农田水利工程类型主要有排灌泵站、塘坝、田间灌溉渠系、排水沟系、引水河道、小型涵闸、桥、滚水坝、机耕路及其他小型农田水利工程等。

3.2.1.1　水源工程

1. 水库及塘坝

江宁区内共有水库 72 座,有中型水库 1 座(赵村水库),小(一)型水库 28 座,小(二)型水库 43 座。水库总汇水面积 235.66 km^2,约占全区丘陵山区面积的 20.26%,总库容约 10 010 万 m^3,兴利库容约 6 527 万 m^3,大坝总长 20.2 km。

全区有大、小塘坝 33 806 座,总有效库容 15 588 万 m^3。多数水库对防洪抗旱、农田灌溉、水产品养殖、人民生活用水起着重要作用,少数水库还开发成风景区,成为旅游观光景点。

2. 灌溉(含灌排两用)闸站

全区有农村小型灌溉泵站 469 座(含灌排两用站 32 座),灌溉涵闸9座,灌溉能力144.73 m^3/s,总装机容量24 958 kW。全区运行情况完好的泵站186座,占总数的39.9%;带“病”运行及报废的泵站280座,占总数的60.1%。

3.2.1.2 输配水工程

1. 涵闸及箱涵

全区共有灌溉涵闸9座、排水涵闸50座、箱涵212座,担负着全区引水灌溉和抗旱排涝的重任。

2. 灌渠及管道

现有田间灌溉渠道2 439.5 km,含防渗渠道长度335.6 km,而且流量小于1 m^3/s的灌溉渠道有2 297.1 km,配套建筑物8 820座。其中,干渠480.6 km,支渠297.2 km,毛渠1 000 km。

江宁区现有管道输水长度4.45 km,控制面积66 000亩,提高了输水效率,减少了输水损失。

3.2.1.3 高效节水灌溉工程

江宁区现有喷灌面积21 000亩、微灌面积18 600亩,高效节水灌溉工程的不断建设实施,极大地提高了全区的灌溉水利用系数。

3.2.1.4 排水工程

1. 河沟

有区级河道36条,长316.5 km;乡级河道165条,长482.4 km。有大、中、小沟流14 926条,大、中沟级配套建筑物2 267座,小沟级建筑物1.6万座。

2. 排涝泵站

全区有排涝泵站185座,累计排涝能力339.32 m^3/s,总装机容量32 526 kW。

3. 圩堤

全区沿江沿河圩区共有58个,其中万亩以上大圩15个,万亩以下千亩以上小圩43个,圩区总面积545.50 km^2,堤防总长338.67 km,保护面积32.58万亩,保护人口40万。具体类型和数量见表3-6。

表 3-6 江宁区农田水利工程现状统计

工程类型			数量
水源工程	水库(座)	中型	1
		小(一)型	28
		小(二)型	43
	丘陵山区塘坝(面)	库容<3 000 m^3	11 479
		库容≥3 000 m^3	1 473
	村庄塘坝(面)	总库容 5 609.78 万 m^3	5 388
		流量在 10 m^3/s	
	灌溉(含灌排两用)泵站(座)	流量为 1~10 m^3/s	55
		流量在 1 m^3/s 以下	414
输配水工程	灌溉涵闸(座)		9
	排水涵闸(座)		50
	箱涵(座)		212
输配水工程	灌溉渠道(km)	干渠	480.6
		支渠	297.2
		毛渠	1 000
	管道输水(km)		4.45
田间工程	喷灌(亩)		21 000
	微灌(亩)		18 600
排水工程	河道(km)	骨干河道	478.31
		乡级河道 301 条	622.88
		沟渠 1 019 条	
	排涝泵站(座)	流量在 10 m^3/s 以上	21
		流量为 5~10 m^3/s	31
		流量为 2~5 m^3/s	80
		流量在 2 m^3/s 以下	53
	圩堤(km)	长度	338.67
	圩口闸(座)		45

3.2.2 灌区工程管理与改革不断深化

依法划定和明确了江宁区小型水库管理和保护范围，制定了《南京市江宁区水利工程管理和保护实施细则》《江宁区农田水利管护考核办法》《江宁区河道疏浚管护办法》等规范性文件。对 4 家直属水管单位进行了科学定性、合理定编定岗和内部改革，建立了管养分离、周岗模式和委托管理三种覆盖全区的工程管理新模式，建成了与省、市防汛办互联互通的防汛抗旱指挥系统，建设了省水资源管理信息系统江宁分中心，水利管理和公共服务能力进一步提高。江宁区水利发展和改革虽然取得了一定成就，但由于多方面原因，水利发展滞后问题仍然比较突出。具体来说，江宁区水利发展主要存在的问题有：防洪标准总体偏低，与现代化要求不相适应；农田水利发展滞后，与现代农业要求差距较大；水资源管理有待加强，重点薄弱环节明显；发展与保护的矛盾日益尖锐，水生态安全面临威胁；水利科学发展的长效机制尚未形成等。总体而言，江宁区仍处于水利现代化的起步阶段，水利基础设施建设总体滞后，防洪及农田水利设施薄弱等仍然是江宁区经济社会又好又快发展的瓶颈。江宁区水利发展现状与水利现代化目标相比仍有很大差距，必须夯实基础，加快水利现代化建设步伐。

小型农田水利具有工程小、数量多、分布广、公用性、群众性、政策性强、季节使用、经营管理难等特点。因此，一直以来，江宁区小型农田水利工程师水利站、农机站、行政村等多头管理，运行管理不畅。近年来，江宁区在继续加大小型农田水利的建设力度的基础上，积极探索工程管理新机制。在认真贯彻落实省、市水管体质改革工作会议精神后，制订了水管体质改革工作实施方案并逐步实施。

2009 年江宁区完成了中央财政小型农田水利重点县项目后，为推进重点县工程运行管理规范化、制度化、科学化，按分级分类的管理原则，将较大规模排涝泵站移交给所在的街道负责管理，其他小型灌溉泵站、涵洞、水闸、灌排沟系、蓄水塘坝等工程移交给工程所在行政村或受益村负责管理，高效节水灌溉等实行“公司+农户”的经营模式，由街道与公司签订管理责任书，公司落实管理人员与经费。

2010年,江宁区抓住小型农田水利重点县建设的契机,根据不同性质的分类工程,按照分级分类管理的思路,制定了《南京市江宁区小型农田水利工程管理办法》并由区政府发文出台。当前江宁区农田水利工程管理工作中的管理主体主要是各街道办事处,管理对象则是农村灌排泵站、农村河道河塘及小型农田水利设施等。区水务局及各街道均根据各农田水利工程的自身特点,因地制宜地落实了管理组织、管理方式,明确了管理责任,落实了管护人员,规范了管理标准,筹措了管护经费,制定了泵站、塘坝运行管理制度,街管泵站、村级骨干泵站将各项运行管理制度上墙,建立了日常运行、维护记录制度。

2013年根据水利普查基础资料,完成了全区农田水利工程分类资料的收集和区、街道、村三级农田水利工程管护名录的建立,进行了年度管护费用的基本测算,并制订了较为详细、切合实际的农田水利工程管护年度工作计划,把检查考核和学习、培训等任务一一分解,从而使江宁区农田水利工程管理工作有条不紊地开展。

2014年,全区结合深化小型水利工程管理体制改革,进一步理清了农田水利工程管理的思路,制订了深化改革实施方案(草案);进一步修改和完善了农水管护三级名录,对区级名录变更和增减,及时修订街道、村级名录,确保名录内工程管护责任得到认真落实;对泵站一线管护人员进行集中培训,加强泵站运行管理和泵站达标创建的指导;开展上半年农水工程管理考核,考核情况进行通报,下达了上半年农水管护经费344万元;在湖熟、横溪街道开展农水工程管护试点工作创新管护模式,推进维修养护项目的有效实施。

江宁区在深化小型水利工程管理体制改革省级试点县的改革任务中,进行了大量的农田水利工程管理方面的调查研究,针对江宁区水情、区情,在总结全区农村小型水利工程现有管护模式的基础上,结合外地创新经验,提出了适合江宁区公益性和准公益性农村小型水利工程管理体制改革参考的四种管护模式:

(1)社区"五位一体"集中管理模式或称片长模式。由社区直接组建小型农田水利管理工作小组,下设养护片,各村民小组组长和村其他专管人员组成养护片管理队伍,村民小组组长任该村组养护片片长。

(2)管养分离与竞争承包模式。管养分离模式适合于公益性骨干农水工程、河道水系工程以及受益跨社区由街道管理的工程等。单纯的竞争承包模式适合能开展经营的工程,如库、塘承包经营和管理。

(3)委托管理模式。委托种植(田)大户(或公司)对其所承包区域内国家或集体所有的水利工程进行管护,并承担大部分管护经费,政府部分给予适当"以奖代补"资金补助。

(4)农业专业服务队管理模式。经济条件和水利配套条件好的社区,可成立以社区为主体的农村农业专业化基层服务组织,提供农业灌排、虫害防治、村庄河塘和田间沟系环境保洁等一系列集体化、专业化、常态化服务功能。

3.2.3 基层水利服务体系与农民用水合作组织建设

目前,江宁区基层水利队伍主要担负着全区农田水利建设和管理重任,全区现有基层水利服务单位 14 个,其中局直属管理单位 5 个,街道水利服务站 10 个。

为更好地服务全区农田水利工程建设和管理,区水务局积极利用事业单位改革契机,努力争取,加强基层水利服务体系建设,进一步明确了职能和管理权限。成立了江宁区堤防管理所、江宁区直属水库管理所(赵村水库管理所)、江宁区水利工程质量监督管理站、江宁河闸管理所,原单位都是自收自支事业单位,通过区编委"三定"方案,现单位都是全额拨款事业单位。近年来江宁区紧紧抓住市级文明水利站创建的机会,采用市争取一点、区补一点、镇(街道)拿一点,多渠道投入,对镇(街道)水利站办公房及办公设施进行改造和更新。经常举办江宁区水利知识培训班,邀请有关专家举行讲座,开展水利知识演讲竞赛,委托河海大学集中进行水利知识与技能培训,增强基层水利技术人员业务知识,提高服务技能。

随着工程建设规模的增大,管理直接影响着工程的正常运行和效益的发挥。为保证工程正常运行,江宁区不断探索和尝试水利管理和服务模式。通过市场化运作,成立专业公司,负责区管河道的日常管护。成立用水户联合会和专业合作社以及农业生态园区,实现生产统一布局、用水统一调度、工程统一管理,确保了农田水利工程的日常维护和正常运行。江宁区10个街道均成立了管护组织或采用购买服务等方式实现管护范围全覆盖。目前区内农田水利工程管护模式共有三类:

(1)公司管理模式。部分街道如湖熟街道2019年通过公开招投标方式,聘请南京周湖水利工程维修有限公司负责管护2019年农田水利设施。

(2)社区管理模式。以街道为单位成立用水户联合会,通过与下辖用水合作社签订管护协议,社区再通过聘请水管员,管护社区内小型农田水利工程设施。

(3)对于农业种植公司、家庭农场范围内的水利工程设施,按照"谁受益、谁负责"的原则,由用水户自行承担种植范围内的日常养护。

3.3　灌区发展对高效节水及其技术的需求分析

3.3.1　灌区自身发展问题

江宁区的中型灌区大多建于20世纪50~70年代初期,经数十年运用,灌区工程设施普遍存在不少突出问题,严重影响着灌区效益的充分发挥和水资源的有效利用。这些问题概括起来主要有:

(1)建设标准低,施工质量差。在20世纪50~70年代初期,水利工程建设中普遍是边勘察、边设计、边施工,依靠发动群众修建,施工质量差,工程建设标准低,难以保证正常运行,给后期运行管理带来极大困难。

(2)使用时间久,运行安全差。经过数十年的运行,大部分灌区骨干工程已进入老年期,带"病"运行十分突出。据统计,重点中型灌区干支渠道及其建筑物完好率仅分别为49%、50%,运行不安全,效益逐年下降。

(3)工程不配套,效益发挥差。受建设时期经济发展水平的限制,资金投入不足,大部分灌区工程设施不配套、不完善。据统计,全国重点中型灌区干支渠道实有率平均约为87%，建筑物实有率平均约为83%，部分灌区不足60%，造成灌区有效灌溉面积长期达不到设计水平，全国重点中型灌区有效灌溉面积平均仅达到设计灌溉面积的约70%。

（4）蓄水型水源工程少，调蓄能力差。我国降水和水资源的特点是年际、年内分布不均，河川径流季节性强。我国重点中型灌区水库型水源工程较少，不少水源工程为低坝型甚至是无坝型引水，造成水资源调蓄能力低下，灌溉保证率不高，实际灌溉保证率平均仅约为56%。

（5）渠道防渗衬砌少，水资源利用率低。据统计，全国重点中型灌区已衬砌干支渠道长度为4.50万km，仅占实有干支渠道长度的25%，大多数干支渠道仍为土质渠道，沿程输水损失较大，干支渠渠系水利用系数不高，平均仅约为0.51。

（6）水资源短缺，供水能力不足。我国北方地区水资源短缺，一些灌区供水能力不足。特别是西北、华北水资源短缺地区，这种状况尤为严重。

（7）灌区管理体制僵化，自我发展能力差。重点中型灌区普遍存在着管理体制僵化、责权不清，管护设施简陋，管理机制落后，管护经费短缺，管理人员技术素质和管理水平低下，水价偏低以及水费征收困难等问题。

因此，有必要以节水为中心，对江宁区中型灌区进行节水管理模式研究。

3.3.2　现代农业和农村发展的需求

3.3.2.1　农业生产要素对现代农业发展的制约

（1）农业土地资源紧缺且逐年减少，现代农业发展面临着生产经营规模细碎化的问题。随着农村城市化和工业化进程的不断推进，农业土地资源紧缺且呈逐年减少的态势。而城乡分割的二元体制和制度，致使现代农业发展依然面临着生产经营规模细碎化的问题。

（2）农业劳动力素质偏低，现代农业人才缺乏。随着工业化、城市化的不断推进，高素质的农村劳动力大量转移到第二产业、第三产业，造成农村留守劳动力素质偏低,现代农业发展面临农户兼业化、劳动者素质低、年龄偏大和现代农业人才缺乏等问题。

(3)农业科技贡献率偏低,科技推动力不强。虽然农业科技产业化进程明显加快,如目前江宁区农业科技贡献率已提高到 60% 左右,但仍比欧美等发达国家低 20%左右。随着江宁区工业化、城市化进程不断推进,农业劳动力数量和耕地面积呈不断下降的趋势,在这样的大背景下,传统农业生产经营模式已不能适应都市现代高效农业发展的需要。目前,江宁区农业对物质投入的依靠太重,具有浓厚的粗放式发展的特点,农业科技要素在农业经济发展中的作用没有充分发挥。

3.3.2.2　农业发展对节水灌溉的需求

据有关部门估计,到 21 世纪 30 年代我国人口将达到 16 亿,人口的增加和生活质量的改善,对粮食及其他农产品的供给提出了更高要求。农产品总需求与总供给面临巨大压力与挑战,要满足如此巨大需求,必须扩大播种面积和提高单产。由于我国耕地后备资源有限,因此只能主要依靠提高单产来保证粮食安全。

为满足粮食需求,灌溉面积应有相应增长。由于新增灌溉面积需要增加用水,改善提高现有灌溉面积的灌溉条件和保证率也需要增加用水,加之林果用水、畜牧用水、养殖用水增加等,需要增加大量农业用水。需求不断增长而可供水量有限,使灌溉发展面临艰难境地:一方面随着工农业发展和城镇化速度加快,农业用水不可避免地要向工业和城镇生活让水;另一方面要解决日益增长的众多人口的吃饭问题,又必须在提高现有灌溉面积灌溉保证率的同时新增灌溉面积,需要增加用水量。这就决定了我国农业可持续发展必须走节水高效的道路。

我国灌区目前大部分采用传统的地面灌水技术,在灌溉水资源的利用上浪费现象还相当普遍。在某些水源相对比较丰富的自流地区,亩次净灌水量往往在 100 m^3 以上,大水漫灌现象仍不少见。对全国不同地区、不同类型灌区大平均,灌溉水利用系数在 0.45 左右,也就意味着每年经过水利工程引蓄的水量有一半以上是在输水、配水和田间灌水过程中被损失掉了。而以色列、美国、日本和欧共体等节水灌溉先进国家的灌溉水利用率可达 70%~80%。

如果普遍实行节水灌溉农业技术，节水增产潜力十分可观。渠道防渗和管道输水都能提高渠系水利用系数；水稻浅湿灌溉和旱田沟畦改造则可提高田间水利用系数；喷、微灌既可提高输水部分的利用率，又可提高田间水利用率，并可以改善作物的蒸腾环境、减少蒸腾；节水农业措施可以提高灌溉水的利用效率。如果到21世纪30年代，我国井灌区80%以上实行喷灌或低压管道输水灌溉，渠道灌区骨干渠道60%以上实现防渗，水稻全部推广浅湿灌溉，旱田实施田间工程改造，并辅之以节水农业措施、节水灌溉制度、管理措施，则可使我国灌溉水利用系数由现在的0.45提高到0.60～0.70，水分生产率由现在的1.1 kg/m^{3}提高到1.5～1.8 kg/m^3。由此产生的节水潜力极限值为800亿～1 000亿m^3。这样，在不新增加农业用水总量的前提下，可以保证人口增加所需的粮食生产能力，做到水资源可持续利用、农业可持续发展。

但由于现状用水量包含了部分灌区供水不足、部分地区超采地下水、使用了部分污水以及灌溉水损失浪费严重等许多不合理因素，因此上述节水潜力并不能完全作为节水灌溉发展的依据。而且对于我国这样一个自然条件、经济社会发展程度差异很大的灌溉大国来说，全国平均灌溉水利用系数达到0.7，是一个相当高的标准。它意味着全国绝大部分渠道都要进行防渗处理或改用管道输水，田间灌溉大部分采用现代灌水技术，灌溉管理初步实现现代化，这是非常艰巨的任务。

因此，准确地分析预测灌溉用水需求及需水结构，研究提出不同地区、不同作物情况下的节水灌溉发展模式，客观科学地评价节水灌溉措施的投入产出，对合理选择区域经济发展模式与发展速度，促进节水灌溉沿着科学、健康的轨道发展，显得十分必要。对实现我国水资源可持续利用，保障经济、社会可持续发展，具有重大的意义。

3.3.3　农业发展对水价综合改革的需求

我国作为一个农业大国，灌溉用水量极大，灌溉对于巩固农业的基础地位，保障国家粮食安全也具有十分重要的意义，但是由于农业水价过低不足以弥补成本，使供水单位难以为继。因此，农业水价改革理论的研究，在兼顾农民承受力与水资源可持续发展的原则下，探讨农业水价改革的措施,对于实现农业水费的合理征收,增加供水管理单位经济效益,具有十分重要的理论与现实意义。

推进农业水价综合改革是保障国家粮食安全的迫切需求。民以食为天,食以水为先。我国人口多、耕地少,解决十几亿人口的吃饭问题,始终是我国的头等大事。近年来,党中央、国务院高度重视粮食安全问题,支持粮食发展的政策和力度不断加大,粮食稳定发展的政策框架已经建立,农民种粮积极性大大提高,粮食生产出现重要转机,连续十年获得丰收,实现了粮食供求的基本平衡。但是我国农业生产的基础条件比较薄弱,自然气候对粮食生产的影响极大,一旦出现流域性的极端气候变化,粮食生产必将受到严重影响。

推进农业水价综合改革是促进农民增收减支的迫切需要。近年来,中央各地方积极落实各项惠农政策,极大地调动了农民的种粮积极性,但生产成本高、种粮效益低的问题一直没有得到根本解决。特别是农村税费改革后,农业水费成为农民反映强烈的热点问题。农业灌溉成本高、农业用水负担重问题比较突出。

农业水价改革和末级渠系改造影响农业种植效益和灌溉成本,关系农民增收减负大局,事关农民切身利益。由于灌溉工程老化失修,渠系水利用系数低,输水灌溉过程中水量损失较为严重。同时,由于末级渠系水价没有纳入政府管理范围,一些地方搭车收费、截留挪用、拖欠水费的问题较为突出。较高的水费和末级渠系不配套造成的供水保障率不高,直接涉及农业的支出,使农民对水费收取产生误解。要解决这一问题,就得从“增收”和“减支”两个方面入手。所谓“增收”,就是通过改善灌溉条件,提高单位耕地的种植效益,让农作物在生长需要灌溉时能浇上水、浇够水,可以有效提高农民种粮收益;所谓“减支”,就是降低农业用水成本,减轻农民负担。而要达到这两方面的目的,就必须推进农业水价综合改革,加大财政对农业灌溉的支持力度,加快农田水利建设步伐。

推进农业水价综合改革是建设节水型社会的迫切需要。水资源短缺与农业用水效率低是制约我国农业生产的重要因素。农业缺水既有水资源总量不足、时空分布不均造成的原因,也与农业灌溉用水存在严重浪费密切相关。农业用水占我国总用水量的 70%左右，但灌溉水利用系数只有 0.45 左右，即使实行精耕细作，单方水生产粮食也只有 1 kg 左右，仅为发达国家的一半。目前，我国农业年缺水 300 亿 m^3，并且缺水量还随经济增长和人口增加而不断增加。农业虽然有巨大的节水潜力，但如果不大力加强灌区的节水改造力度，提高用水效率，不仅农业缺水问题自身得不到解决，更不可能通过农业节水来支持工业和城市用水，最终是我国的缺水问题无法得到解决。

农业节水是一个系统工程，灌区是由水源工程、干渠、支渠、斗渠、农渠和毛渠组成的灌溉系统。单纯对灌区骨干工程进行节水改造并不能解决农业用水短缺和用水浪费的问题。因为大量的斗渠、农渠、毛渠没有进行节水改造，输水效率仍然不高。落后的灌溉方式仍然无法改变，用水浪费现象难以消除。大中型灌区节水改造的经验证明。对灌区的骨干工程和末级渠系进行全面的节水改造，节水效果最明显，改造完成后，灌溉利用系数可以从原来的 0.45 提高到 0.54，结合推行科学的水价制度，可节水 20%左右。因此，必须通过农业水价综合改革，推动加大灌区建设投入，同时对骨干工程和末级渠系进行节水改造，只有这样才能从整体上促进农业节水。

3.3.4 江宁区中型灌区节水的必要性

江宁区中型灌区大多建于 20 世纪 50～70 年代初期，经过多年运行，灌区普遍存在灌排设施老化、失修严重，渠道防渗率低，工程配套程度低及灌区管理体制僵化等突出问题，造成水资源浪费严重，限制了灌区效益发挥，不利于灌区发展。我国水资源有限，随着国民经济的发展需水量越来越大，农业用水量更是占总用水量 72%左右，灌溉用水更是占农业用水的 80%，是真正的用水大户。而农业用水效率低的状况，决定了我国必须发展节水农业。江宁区中型灌区在全国耕地面积中占有较大的比重，是发展节水农业的主战场之一。针对江宁区中型灌区存在的问题，对其进行节水配套改造，通过加强灌区农田水利基础设施建设，可改善农业生产条件，提高农业综合生产能力，保障国家粮食安全；可提高水资源利用效率，改善灌区的生态环境，促进灌区管理体制、运行机制、水价和水费制度的改革,提高灌区运行管理水平,促进灌区可持续发展。因此,实施江宁区中型灌区节水配套改造效益的评价研究是非常紧迫必要的。

为了改善农业生产条件,提高农业的生产能力,促进农民增收和农村经济发展,保障国家粮食安全,截至2010年我国共安排支持了332个重点中型灌区节水配套改造项目,由于资金有限,每年只能对有限几个灌区进行节水改造工程,这就要求进行节水改造的灌区改造后必须满足要求,而灌区的节水改造是否满足要求就要通过对灌区的效益分析得出,因此江宁区中型灌区的节水改造效益评价是具有重大意义的。

3.4 节水技术适应性分析

现在我国采用过的和正在研究或推广使用的节水灌溉技术有数十种之多。各种技术都各有利弊,各有不同的适用条件。部分技术成熟一些,有些技术还有待进一步研究,有些技术优点更多些,适用范围更广。

根据目前江宁区各个中型灌区采用的节水技术,可将其分为地上灌溉(喷灌、微灌)、地面灌溉(渠道防渗技术、低压管道灌溉)和地下灌溉(主要指渗灌)三种。

3.4.1 喷灌

喷灌是将具有一定压力的水,喷射到空中形成细小的水滴,再洒落到耕地地面上的一种灌水技术。其突出优点是对地形的适应性强、机械化程度高、灌水均匀、灌溉水利用系数高,并可调节空气湿度和温度。喷灌技术适合在经济条件相对较好,劳动力资源相对匮乏,对节水灌溉有一定认识的地区普及。目前,喷灌技术在江宁区各中型灌区中的茶叶、苗木种植中应用较为广泛。

3.4.2 微灌

微灌是将水和作物生长所需的养分以较小的流量,均匀、准确地直接输送到作物根部附近的土壤表面或土层中的灌水方法,包括滴灌、微喷灌、涌泉灌等。滴灌是将具有一定压力的灌溉水,通过滴灌系统一滴一滴地滴入农作物根部土壤中的一种灌溉技术,它是一种最节水的灌溉技术;微喷灌是利用折射式、辐射式或旋转式微型喷头将水喷洒到树叶上或树冠下地面上的一种灌水形式,微喷灌既可以增加土壤水分又可提高空气湿度,能起到调节田间小气候的作用;涌泉灌是通过安装在毛管上的涌水器形成小股水流,以涌泉方式使水流入土壤的一种灌水形式。涌泉灌溉的流量比滴灌和微喷大,一般超过土壤的渗吸速度,为了防止产生径流,需要在涌水器附近挖一个坑暂时储水。微灌技术的初期设备投资虽然比较大,但它的增产效果显著,能够达到提升水的利用率和肥料利用率的效果,间接地节约了水肥的费用,而且可以节省人工,能够快速地收回投资成本。随着江宁区经济的稳步发展和农户的种植结构不断改变,微灌技术将得到更好的发展。

3.4.3　渠道防渗技术

渠道防渗是减少渠道输水渗漏损失的工程措施。不仅能节约灌溉用水,而且能降低地下水位,防止土壤次生盐碱化;防止渠道的冲淤和坍塌,加快流速提高输水能力,减小渠道断面和建筑物尺寸;节省占地,减少工程费用和维修管理费用等。对于用地表水为灌溉水源、灌水流量大的地区来说,实施渠道防渗技术是一项在目前农村经济发展条件下,能大面积实施的节水工程措施之一,对江宁区中型灌区节水灌溉具有非常大的意义。

3.4.4　低压管道灌溉

这种灌溉技术是将地面上的输水渠道取消,改用地下低压管道来输水。灌溉水经过地下管网输送和分配,再经由给水栓上升到地面上进入小畦田或通过塑料软管把水直接输送到田间。低压管道灌溉技术的优点非常多,投资的成本较低,可缩短灌溉周期确保灌溉周期,灌溉速度较快,减少占用耕地面积,增大实际耕地面积,而且节水灌溉效果明显,大大降低了灌溉损失率,另外低压管道灌溉技术还节省劳工,在江宁区非常受农民们的欢迎。

3.4.5　渗灌

渗灌是利用地下管道将灌溉水输入田间埋于地下一定深度的渗水管道或鼠洞内,借助土壤毛细管作用湿润土壤的灌水方法。

渗灌能为作物提供良好的土壤水分状况,不产生土壤板结,地面蒸发较小,并且占地较少,灌水效率也比较高。但是其施工复杂,投资较高,且管理维修困难,一旦管道堵塞或破坏,难以检查和修理。目前,渗灌技术在江宁区各中型灌区中的应用并不广泛。

以上几种节水灌溉技术,对江宁区中型灌区的节水发展都具有极其重要的影响。在不同的地区合理利用不同的节水灌溉技术,不仅能带来更大的经济效益,更能受到当地农民朋友们的欢迎。

第 4 章　高效节水示范项目后评价

4.1　灌区节水改造效益指标评估体系

4.1.1　影响因素

灌区节水改造效益主要包括节水改造工程项目所产生的社会效益、经济效益、工程效益、生态环境效益和管理效益等。可以根据各个影响因素的性质不同,中型灌区节水改造效益评价影响因素可分为社会因素、经济因素、工程因素、管理因素、生态因素五个方面。

4.1.1.1　灌区的社会因素

社会因素是影响灌区经济发展、体现灌区节水改造效益的主要因素,反映了灌区农业生产与农村经济水平及农业在灌区中的地位。灌区的社会因素主要包括粮食增长、农民收入、国家政策等方面,可以通过人均粮食占有量、政府对灌区节水配套改造项目的重视程度和灌区农民的接受能力等因素来表征。

4.1.1.2　灌区的经济因素

经济因素是体现灌区发展的重要评价指标,反映灌区工程建成投入使用后劳动成果的体现。灌区经济因素主要通过粮食亩均产量、农民人均收入、人均 GDP、供水成本、粮食作物水分生产率和单位面积总产值等影响因素来表征。

4.1.1.3　灌区的工程因素

工程因素是影响灌区节水改造效益好坏的最重要的影响因素。灌区的工程措施是灌区赖以生存的保证。同时也是灌区节水改造,增加效益的主要途径。而节水改造效益的工程因素通过灌区引、输、排水的能力来表征的。表征工程因素的主要指标有有效灌溉面积率、节水灌溉面积率、灌溉保证率、灌溉水利用系数、水源及渠首工程完好率、渠道完好率、渠道衬砌率及防渗率、量水设施配套率及完好率、田间工程完好率和配套率、排涝达标率等。

4.1.1.4　灌区的管理因素

灌区管理涉及组织管理、工程管理、用水管理、经营管理、人员管理等多方面。灌区管理因素直接关系到工程的维护与运行状况、灌溉用水效率、灌区成本回收时间长短，以及维护管理人员的经济收入，是灌区能否正常发挥效益的重要环节。灌区的管理因素主要通过灌区专管机构设置率、灌区专管人数实现率、农民用水户协会覆盖率、水费征收率、水价到位率、灌区信息化建设等因素来表征。

4.1.1.5　灌区的生态因素

灌区生态因素主要指灌区水资源开发利用率、灌溉水水质、地下水埋深、水环境及灌区林草面积率等方面，是影响灌区节水改造效益的重要方面。只有重视灌区生态环境保护，才能实现灌区的可持续发展。因此，中型灌区节水改造应既要看到节水改造工程带来的经济效益，也要重视工程的生态环境效益。

综上所述，影响灌区节水改造效益评价的因素主要表现在 5 个方面 33 个因素。见表 4-1。

表 4-1　灌区节水改造效益评价因素

影响方面	影响因素
社会效益	1. 人均粮食占有量
	2. 政府对灌区节水配套改造项目的重视程度
	3. 灌区农民的接受能力
经济效益	4. 粮食亩均产量
	5. 农民人均收入
	6. 人均 GDP
	7. 供水成本
	8. 粮食作物水分生产率
	9. 单位面积总产值

续表 4-1

影响方面	影响因素
工程效益	10. 有效灌溉面积率
	11. 节水灌溉面积率
	12. 灌溉保证率
	13. 灌溉水利用系数
	14. 水源及渠首工程完好率
	15. 渠道完好率
	16. 渠道衬砌率
	17. 渠道防渗率
	18. 量水设施配套率
	19. 量水设施完好率
	20. 田间工程完好率
	21. 田间工程配套率
	22. 排涝达标率
管理效益	23. 灌区专管机构设置率
	24. 灌区专管人数实现率
	25. 农民用水户协会覆盖率
	26. 水费征收率
	27. 水价到位率
	28. 灌区信息化建设
生态效益	29. 水资源开发利用率
	30. 灌溉水水质
	31. 地下水埋深
	32. 水环境
	33. 灌区林草面积率

以下是对各个影响因素的解释：

(1) 人均粮食占有量。指灌区粮食总产量与灌区人口总量的比值。

(2) 当地政府对灌区节水改造项目的重视程度。当地政府对节水改造措施越重视，财政资金到位越快，节水改造工程就越快进行，是节水改造项目顺利进行的重要条件。

(3) 灌区农民的接受能力。灌区农民对节水改造技术的接受能力，是体现节水改造措施适宜性的重要指标之一，农民对节水改造措施接受能力越高，对节水改造工程的进行越有利，节水改造措施适宜性越高。

(4) 粮食亩均产量。指灌区内各个粮食亩均产量的加权平均值。

(5) 农民人均收入。指灌区农民当年获得的总收入扣除所发生的费用后的收入总和与灌区农民数量之比，反映了灌区农民生活水平及其对水价改革的承受能力。

(6) 人均 GDP 。指灌区 GDP 总值与灌区人口总量的比值。

(7) 供水成本。包括供水生产成本和期间费用，供水生产成本是指水利工程生产过程中发生的合理支出，包括直接工资、直接材料、其他直接支出、固定资产折旧、修理费、水资源费等费用；期间费用指供水经营者为组织和管理供水生产经营活动而发生的合理的营业费用、管理费用和财务费用等。

(8) 粮食作物水分生产率。水分生产率指单位水资源量在一定的作物品种和耕作栽培条件下所获得的产量或产值，单位为 kg/m^3 或元/m^3，它是综合地反映灌区的农业生产水平、灌溉事业的技术水平和管理水平，直接地显示出灌区投入的单位灌溉水量的农作物产出效果。

(9) 单位面积总产值。指灌区总产值与灌区面积的比值。其中，灌区总产值包括灌区粮食、蔬菜、加工业及旅游等产值。

(10) 有效灌溉面积率。指有效灌溉面积与设计灌溉面积比例，反映了灌区工程配套程度及农业综合生产开发潜力。

(11) 节水灌溉面积率。指节水灌溉面积与有效灌溉面积的比率。

(12) 灌溉保证率。指设计灌溉用水量的保证程度，可用设计灌溉用水量全部获得满足的年数占计算总年数的百分率来表示。

(13)灌溉水利用系数。指灌入田间可被作物利用的水量与渠首引进的总水量比值的百分数,灌入田间可被作物利用的水量可理解为灌区净灌溉用水量或灌溉面积上的作物需水量。灌溉水利用系数是表征灌溉水有效利用率的指标。

(14)水源及渠首工程完好率。指水源及渠首工程完好数量与整个灌区水源及渠首工程总量之比。

(15)渠道完好率。指渠道完好长度与总渠道长度之比。

(16)渠道衬砌率。指灌区渠道防渗长度与其应防渗总长度百分比。渠道防渗在提高渠道输水利用效率,渠道安全运行,防止土壤盐碱化发挥着重要作用。但有时渠道为满足生态环境要求不能实施防渗,此种情况看下,灌溉渠道防渗率是指应防渗渠道防渗率。

(17)渠道防渗率。指渠道防渗长度与渠道总长之比。

(18)量水设施配套率。指渠道上现有完好的量水设施数量占应设量水设施数量的百分比。

(19)量水设施完好率。指渠道上用于量测流量量水建筑物的完好数量与总数量之比。

(20)田间工程完好率。指完好的田间工程数量占现有田间工程数量的百分比。

(21)田间工程配套率。指现有完好田间工程数量与应设田间工程数量之比。此处田间工程指末级固定渠道控制范围内修建的临时性或永久性灌排设施。

(22)排涝达标率。指现有排水渠道能通过设计排水量的数量占排水渠道总数量的百分比。它是决定灌区是否在发生洪涝灾害后灌区多余水量能否及时排除、灌区作物能否保产的重要衡量指标。

(23)灌区专管机构设置率。指灌区现有在工程管理,效益管理、生态管理等设置的管理机构数量与应设管理机构数量之比。

(24)灌区专管人数实现率。指灌区具有专业管理知识的人数占应有管理人数的比重。它反映了该灌区管理水平的高低。

(25)农民用水户协会覆盖率。指受农民用水户协会管理的灌区灌溉面积占总灌溉面积的比重。农民用水户协会管理具有一定的科学性、规范性,能调动农民的积极性,对灌区粮食生产能力的提高具有一定的作用。

(26)水费征收率。指实际征收用水水费占应征收水费的百分比,用以表征灌区管理效果。

(27)水价到位率。指执行灌溉水价与灌溉成本水价的比值,是表征灌区管理效果的又一项指标。其中,执行灌溉水价为调查年实际执行的水价,灌溉成本为灌区灌溉水从水源输送至田间的过程中的成本。水价到位率的高低直接影响着灌区的运行效益。

(28)灌区信息化建设。信息化工程是指以计算机与通信网络为主体的数字化、网络化、智能化与可视化的工程。灌区信息化建设以完成计划率为检查、评价标准,即自开展信息化试点建设以来实际完成信息化建设投资(包括完成中央和地方配套实际投资)与同期计划信息化投资(包括计划中央和地方配套投资)的比值。

(29)水资源开发利用率。指水资源开发利用量占本地区水资源总量的百分比。它是体现该地区水资源利用程度的一个重要参数。

(30)灌溉水水质。指灌区地下水、地表水及土壤水中化学、物理性状和水中含有固体物质的成分及数量。通常认为灌区水质好坏取决于含盐量、含碱量的高低。

(31)地下水埋深。指灌区内地下水位埋深,是间接反映灌区内生态环境质量的一个重要因素。

(32)水环境。是指自然界中水的形成、分布和转化所处空间的环境。本书的水环境是指灌区内作物生长的水环境。水环境是构成生态环境的基本要素之一,是人类社会赖以生存和发展的重要场所,也是受人类干扰和破坏最严重的领域。水环境的污染和破坏是灌区可持续发展的重要影响因素之一。

(33)灌区林草面积率。指灌区内林草面积占有效灌溉面积的比重。

4.1.2 评价体系层次结构分析

综合评价指标体系是衡量评价系统价值标准的层次结构形式，所以也称价值准则体系。根据评价科学基本理论，为了明确评价系统的评价目标，必须首先决定价值准则，价值准则是评价者的目的、意图和原则的科学的定量和定性的表述。但是由于构成评价系统的多因素、多义性和评价者主观认识的局限性、历史性等原因，衡量评价系统的价值准则体系，具有不确定性的特征。这种不确定性主要体现在指标体系的结构形式和具体内容上，这符合指标体系的时代性和地域性的设计要求。但是，按照现在系统科学对价值准则的研究，构建综合评价指标体系，基本上可以从两个角度确定其层次结构：评价对象系统的外部环境效应分解以及内部功能分化。按照价值工程功能系统结构逻辑性原理，综合指标体系反映了系统的总目标以及总目标对评价对象各组成部分的要求。目标层，是评价系统总的评价目标，本书中的目标层为中型灌区节水改造效益评价研究。由其准则层来体现：分别由社会效益、工程效益、管理效益、生态效益构成。准则层由其指标层来表征。指标层的所有指标则是每一评价对象的性能、质量及特征参数等各部分属性的具体体现。

灌区的节水改造效益与当地灌区的社会环境、生态环境、工程现状及灌区管理之间的关系是双向的，它不仅会受到它们的影响，而且也为它们的协调发展提供服务和支持，这是节水改造的外部因素效应分解和内部因素的分化。一方面，社会环境、生态环境、工程现状、灌区管理之间是否协调发展需要通过灌区节水改造效益来体现，这就要求灌区进行节水改造效益的评价研究；另一方面，灌区的节水改造效益的实现要受社会经济、生态环境、工程现状、效益制约，只有社会经济发展、生态环境良好、工程现状得到改善、管理完善，节水改造效益才能有所提高。节水改造效益和当地社会环境、生态环境、工程现状、灌区管理是密不可分的，它们是协调统一的。因此，灌区节水改造效益评价指标层次结构的建立具有重要的意义。

4.1.3　指标选取原则

指标体系构建是进行综合评价工作的基础，其科学合理与否，直接影响评价结果的合理准确性。因此，中型灌区节水改造效益评价研究指标体系的构建应遵循以下几个原则：

(1)系统性。体系中的指标要从各个侧面完整地反映影响灌区功能的各项主要因素，全面、综合、系统地表达灌区现有工程状况。

(2)可比性。指标对于所有灌区应具有相同的物理意义和基准尺度，便于指标间相互比较和分析，尽量选取具有共性的指标。

(3)简捷性。每一项指标的含义明确具体，力求避免指标间内容相互交叉和重复；在不影响指标系统性的原则下，指标数量、等级不能太多。

(4)可操作性。节水配套改造优先水平评价体系应切合灌区实际，易于通过调查、分析、试验、量测、统计等手段获得，具有可操作性。

(5)科学性。中型灌区节水改造措施适宜性评价指标筛选要建立在对评价指标充分认识、系统研究的科学基础上，各评价指标含义要明确，测算方法要准确并符合相关规范要求。

(6)代表性。影响中重点型灌区节水改造适宜性评价的因素较多，其中有好多因素存在着重复。因此，应选取代表性好、典型性强的指标，尽可能减少信息重叠，使指标体系简洁实用。

(7)可行性。选取的评价指标要具有可行性，既要考虑指标基本数据获取的难易程度，也要考虑指标值的可信程度，所选取的评价指标应易于理解，方便获取。

4.1.4　评价指标筛选及确定

表4-1中包括了影响中型灌区节水改造效益评价的各方面的主要因素。一般情况下，评价指标的数量越多，其反映的特征就越全面，但各指标包含的重复信息就会越多，具体操作就越困难。所以本书针对中型灌区特点，结合中型灌区节水配套改造项目的实际情况，根据评价

指标体系构建的系统性、可比性、简捷性、可操作性、科学性、代表性、可行性原则，对表 4-1 中各影响因素进行筛选，进而确定中型灌区节水改造效益评价的评价指标。

因素(1)人均粮食占有量反映粮食产量对社会的影响程度，在一定程度上反映灌区人民的生活水平，体现灌区水资源的社会效益，更直观，且资料查找方便。保留因素(1)。

因素(2)当地政府对灌区节水配套改造项目的重视程度、因素(3)灌区农民的接受能力，对节水改造措施的适宜性评价有一定的影响，但影响不大。淘汰这两个因素。

因素(4)粮食亩均产量体现灌区粮食产量能力，是体现节水改造工程效益的重要影响因素。因此，保留因素(4)。

因素(5)农民人均收入和因素(6)人均 GDP 都反映了灌区农民社会经济状况的指标，农民人均收入上的高低有益于节水改造措施的实施，农民收入来源主要是通过作物种植，更能体现节水改造产生的效益，因此保留因素(5)，淘汰因素(6)。

因素(7)供水成本是衡量灌区效益的重要指标，供水成本低意味着灌区节水改造效益越大体现了灌区节水改造效果越好。灌区供水成本关系到灌区的长远发展。保留因素(7)。

因素(8)粮食作物水分生产率是体现灌区节水改造效益好坏的重要指标，综合地反映灌区的农业生产水平，灌溉事业的技术水平和管理水平，直接地显示出灌区投入的单位灌溉水量的农作物产出效果。保留因素(8)。

因素(9)单位面积总产值体现整个灌区总的经济能力与节水改造工程关系不大，因此淘汰该影响因素。

因素(10)有效灌溉面积率与因素(11)节水灌溉面积率都是体现节水改造工程后灌溉实现程度的影响因素。但是节水灌溉面积率主要体现节水改造工程对灌溉的影响，比有效灌溉面积率更能体现节水改造的效益，因此保留因素(11)，淘汰因素(10)。

因素(12)灌溉保证率是衡量当地灌区总体灌溉水平的重要指标

之一。体现了节水改造措施在多年中满足充分满足灌溉的概率。因此,保留因素(12)。

因素(13)灌溉水利用系数体现了渠道输水能力,是体现灌区灌溉水利用率的好坏,是衡量灌区节水改造工程效益的重要指标,保留因素(13)。

因素(14)水源及渠首工程完好率、因素(15)渠道完好率主要体现灌区节水改造紧迫性的指标,与节水改造效益研究关联不大,淘汰这两个因素。

因素(16)渠道衬砌率、因素(17)渠道防渗率都是体现灌区渠道节水性能的主要指标,有一定的重复性,因素(16)渠道衬砌率比因素(17)渠道防渗率,计算方便,且能宏观体现整个灌区的节水改造程度,具有一定代表性。另外灌区一般都有专门的管理机构,这些因素数据容易获得,所以保留因素(16),淘汰因素(17)。

因素(18)量水设施配套率、因素(19)量水设施完好率、因素(20)田间工程完好率这 3 个因素虽然是节水改造效益评价的主要影响因素,但是由于缺少专业的技术人员及测量设施,并且可信度较低,所以淘汰这 3 个因素。

因素(21)田间工程配套率是体现节水改造工程好坏的重要指标之一。做好田间工程是进行合理灌溉、提高灌水工作效率、及时排除地面径流和控制地下水位、充分发挥灌排工程效益、实现旱涝保收、建设高产、优质、高效农业的基本建设工程。因此,保留该因素。

因素(22)排涝达标率对灌区节水改造效益评价是一个重要的评价因素。尤其是我国南部地区长江平原及丘陵粮食主产区、东南、华南及西南水资源丰沛区降雨量较大,并且灌区容易产生过量水的积蓄,及时将这些水排出去对灌区粮食生产量有着决定性影响。因此,保留此项因素。

因素(23)灌区专管机构设置率、因素(24)灌区专管人数实现率,这 2 个因素由于不好确定其数值,所以淘汰这 2 个因素。

因素(25)农民用水户协会覆盖率是体现节水改造工程建成以后

管理方面强弱的重要因素,因此保留该因素。

因素(26)水费征收率与因素(27)水价到位率指标都是体现灌区关于水费方面的指标,有一定的重复性,由于因素(26)水费征收率计算方便,并具有一定的代表性,因此保留因素(26);另外水价越高,灌区的效益越好,农民的节水意识也越高,但是水价的提高农民的种植成本就会提高,会降低农民种植的积极性,此因素不就有可行性,因此淘汰因素(27)。

因素(28)灌区信息化建设是体现灌区科技管理方面的重要因素。但其计算复杂,淘汰该因素。

因素(29)水资源开发利用率对节水改造效益评价不具有代表性,而且我国至今对此没有相应的标准,具体操作性不强,淘汰因素(29)。

因素(30)灌溉水水质与因素(31)地下水埋深是灌区生态效益评价的重要因素,但二者有一定的重复,都是反映灌区灌溉水水质的标准,因素(30)比因素(31)表达更直观、更明白、更具有代表性,因此保留因素(30),淘汰因素(31),通常认为灌溉水水质好就是含盐量低。

因素(32)水环境,是作物赖以生存发展的重要因素,也是体现灌区生态环境是否良好的重要指标,但是水环境计算复杂,包含因素多。淘汰该指标。

因素(33)灌区林草面积率体现了灌区生态环境好坏的重要指标,保留因素(33)。

综上所述,中型灌区节水改造措施的适宜性评价研究的指标主要表现在社会效益、经济效益、工程效益、管理效益、生态效益 5 个方面,15 个指标。

4.1.5　评价体系的构建

根据中型灌区节水改造效益评价影响因素,结合各影响因素定义可得出中型灌区节水改造效益评价体系,见表 4-2。

表 4-2　中型灌区节水改造效益评价体系

目标层	一级指标	二级指标	指标说明
重点中型灌区节水改造效益评价	A 社会效益	A_1 人均粮食占有量	灌区粮食总产量/灌区人口数量
	B 经济效益	B_1 农民人均收入	灌区农民纯收入总和/灌区农民数量
		B_2 粮食单位面积产量	粮食总产量/有效灌溉面积
		B_3 供水成本	供水生产成本+期间费用
		B_4 粮食作物水分生产率	粮食总产量/用水量
	C 工程效益	C_1 灌溉保证率	设计灌溉用水量全部获得满足的年数/计算总年数
		C_2 节水灌溉面积率	节水灌溉面积/有效灌溉面积
		C_3 灌溉水利用系数	灌入田间可被作物利用的水量/渠首引进的总水量
		C_4 渠道衬砌率	灌区渠道防渗长度/其应防渗总长度
		C_5 排涝达标率	排水渠道能通过设计排水量的数量/排水渠道总数量
		C_6 田间工程配套率	现有完好田间工程数量/应设田间工程数量
	D 管理效益	D_1 水费征收率	实际征收用水水费/应征收水费
		D_2 用水户协会覆盖率	受农民用水户协会管理的灌区灌溉面积/总灌溉面积
	E 生态效益	E_1 灌溉水水质	灌溉水中含盐量之和
		E_2 林草面积率	灌区林草面积/有效灌溉面积

4.1.6 指标阈值的确定

“阈”是指一个领域或一个系统的界限,其数值称为阈值。阈值的作用就是用来确定一个范围使得在这个范围内的数值适合该领域或系统。

为了更好地体现中型灌区的节水改造效益的好坏,对节水改造效益的评价指标阈值进行确定。目前我国灌区的节水改造已经有了很大的发展,但距离国外发达国家仍有很大的差距。本书的节水改造效益的各项指标的阈值是根据国内外节水改造经验,参照发达国家的节水改造标准,结合国内中型灌区的现状,并对其分析,并预测到 21 世纪中叶,我国节水改造所能达到的标准,通过阅读各个灌区的规划报告并结合相关的规范、标准来制定的。另外根据各项评价指标的阈值,结合我国中型灌区总体均值,采用插值的方法来确定各项指标的分级,具体见表 4-3。

表 4-3 中型灌区节水改造效益评价指标分级标准

评价指标	极好 (1 级)	较好 (2 级)	一般 (3 级)	较差 (4 级)
A_1 人均粮食占有量(kg/人)	≥900	900~600	300~600	≤300
B_1 农民人均收入(元/人)	≥8 000	8 000~6 000	6 000~4 000	≤4 000
B_2 粮食单位面积产量(kg/hm^2)	≥6 000	6 000~4 500	4 500~3 000	≤3 000
B_3 供水成本(元/m^3)	≤0.2	0.2~0.5	0.5~0.8	≥0.8
B_4 粮食作物水分生产率(kg/m^3)	≥2	2~1.75	1.75~1.5	≤1.5
C_1 灌溉保证率(%)	≥65	65~55	55~45	≤45
C_2 节水灌溉面积率(%)	≥80	80~60	60~40	≤40
C_3 灌溉水利用系数(%)	≥75	75~55	55~35	≤35
C_4 渠道衬砌率(%)	≥80	80~60	60~40	≤40
C_5 排涝达标率(%)	≥90	90~70	70~50	≤50

续表 4-3

评价指标	极好（1 级）	较好（2 级）	一般（3 级）	较差（4 级）
C_6 田间工程配套率(%)	≥80	80~60	60~40	≤40
D_1 水费征收率(%)	≥95	95~90	90~85	≤85
D_2 用水户协会覆盖率(%)	≥75	75~50	50~25	≤25
E_1 灌溉水水质(含盐量)(g/L)	≤0.5	0.5~0.75	0.75~1	≥1
E_2 灌区林草面积率(%)	≥20	20~15	15~10	≤10

(1)人均粮食占有量。目前美国人均粮食产量为 1 000 kg/人,我国人均粮食占有量仅为 426 kg/人。

(2)农民人均收入。2011 年全国农民人均收入为 6 977 元,上海农民人均收入最高为 15 600 元,贵州农民人均收入最低,为 4 200 元。

(3)粮食单位面积产量。目前我国粮食单位面积产量最高的省份是吉林省,为 6 976.8 kg/hm^2,最低省份是贵州省,为 2 853.6 kg/hm^2。

(4)供水成本。根据文献可知供水成本最高值为 0.858 元/m^3。

(5)粮食作物水分生产率。目前世界上以色列的粮食作物水分生产率最高为 2.32 kg/m^3,我国粮食水分生产率平均为 1.34 kg/m^3。

(6)灌溉保证率。根据灌溉与排水工程设计规范可知湿润地区水资源丰富地区灌溉保证率最大为 95%,但是重点中型灌区可能都在水资源丰富区,因此灌溉保证率最高取 85%。

(7)灌溉水利用系数。根据规范规定灌区在采取管道输水时灌溉水利用系数不得低于 0.95,而灌区不可能全部采用管道输水,重点中灌区灌溉水利用系数最大值为 85%。

(8)节水灌溉面积率。截至 2011 年,中型灌区节水改造面积率最大值为 100%。

(9)渠道衬砌率。根据规范中型灌区渠道衬砌率不低于 50%,但是灌区最大也不可能达到 100%,因此评价指标中渠道衬砌率最大值取 90%。

(10)排涝达标率。灌区排水系统是防止农田在降雨过多时地面径流得不到宣泄造成农田减产,在灌区节水改造过程中排水系统工程实现率高,因此本书中型灌排涝达标率最高值为100%。

(11)田间工程配套率。在节水改造工程中,田间工程的配套实现率高,因此本书评价指标中田间工程配套率最大值为100%。

(12)水费征收率。根据文献可知中水费征收率最大值为100%。

(13)用水户协会覆盖率。用水户协会管理是群众自发管理灌区,反映了人们的自觉性,因此不可能达到100%,本书评价指标中用水户协会覆盖率最大值为80%。

(14)灌溉水水质。根据文献可知评价指标中非盐碱地灌溉水中含盐量最大值为1 g/L。

(15)灌溉林草面积率。评价指标中灌区内盐渍害面积比重最大值为25%。

4.2 基于灰色关联分析法的中型灌区节水改造效益评价

灰色关联分析法是指对一个系统发展变化态势的定量描述和比较的方法,其基本思想是通过确定参考数据列和若干个比较数据列的几何形状相似程度来判断其联系是否紧密,它反映了曲线间的关联程度。

灰色系统理论(Grey Theory)是由著名学者邓聚龙教授首创的一种系统科学理论,其中的灰色关联分析法是根据各因素变化曲线几何形状的相似程度,来判断因素之间关联程度的方法。此方法通过对动态过程发展态势的量化分析,完成对系统内时间序列有关统计数据几何关系的比较,求出参考数列与各比较数列之间的灰色关联度。灰色关联分析法要求样本容量可以少到4个,对数据无规律同样适用,不会出现量化结果与定性分析结果不符的情况。

4.2.1 灰色关联分析法的原理

灰色系统理论提出了对各子系统进行灰色关联度分析的概念,意图通过一定的方法,去寻求系统中各子系统(或因素)之间的数值关系。因此,灰色关联度分析对于一个系统发展变化态势提供了量化的度量,非常适合动态历程分析。其基本思想是将评价指标原始观测数进行无量纲化处理,计算关联系数、关联度以及根据关联度的大小对待评价指标进行排序。灰色关联度的应用涉及社会科学和自然科学的各个领域,尤其在社会经济领域,如国民经济各部门投资收益、区域经济优势分析、产业结构调整等方面,都取得较好的应用效果。

灰色系统关联分析法的具体计算步骤如下:

(1)确定反映系统行为特征的参考数列和影响系统行为的比较数列。

反映系统行为特征的数据序列,称为参考数列。影响系统行为的因素组成的数据序列,称比较数列。设 i 为第 i 个评价对象, $i = 1, 2, \cdots, m$;k 为评价对象的第 k 个评价指标,$k = 1, 2, \cdots, n$。X_{ik} 为第 i 个评价对象的第 k 个评价指标的值。取每个指标的最佳值作为参考数列 $Y_{0k} = (y_{01}, y_{02}, \cdots, y_{0n})$。

设参考数列为 $Y = (y_1, y_2, \cdots, y_n)$, 比较数列为 $X_i(k) = [x_i(1), x_i(2), \cdots, x_i(n)] (i = 1, 2, \cdots, m)$ 。

(2)对参考数列和比较数列进行无量纲化处理。

由于系统中各因素的物理意义不同,数据的量纲也不一定相同,不便于比较,或在比较时难以得到正确的结论。因此,在进行灰色关联度分析时,为了使各个评价指标之间可以相互比较,一般都要进行无量纲化的数据处理。无量纲化公式为

$$d_i(k) = (X_{ik} - \overline{X}_{ik}) / \sigma_{ik} \tag{4-1}$$

式中:$\overline{X}_{ik}$ 为 X_{ik}的平均值;σ_{ik} 为 X_{ik}的样本均方差。

(3) 计算关联系数 $\xi_i(k)$。

所谓关联程度,实质上是曲线间几何形状的差别程度。因此,曲线间差值大小,可作为关联程度的衡量尺度。对于一个参考数列 $y(k)$ 有若干个比较数列 $x_1(k)$, $x_2(k)$,$\cdots$, $x_n(k)$,各比较数列与参考数列在各个时刻(曲线中的各点) 的关联系数 $\xi_i(k)$ 可由下列公式算出:

$$\xi_i(k)=\frac{\min_i\max_k|y(k)-x_i(k)|+\rho\max_i\max_k|y(k)-x_i(k)|}{|y(k)-x_i(k)|+\rho\max_i\max_k|y(k)-x_i(k)|}\quad(4\text{-}2)$$

式中：ρ 为分辨系数，ρ 越小，分辨力越大，一般 ρ 的取值区间为(0,1)，具体取值可视情况而定，当 $\rho \leqslant 0.5463$ 时，分辨力最好，通常取 $\rho=0.5$。

(4) 求关联度 r_i。

因为关联系数是比较数列与参考数列在各个时刻(曲线中的各点)的关联程度值，它反映第 i 个数列与参考数列的第 k 个因素关联度，要反映整个比较数列的关联程度，应对各影响因素的关联系数求和，由于各指标的重要程度不同，本书关联度采用权重乘以关联系数的方法来确定。其中各指标权重采用第 2 章的由层次分析法和熵值法确定的综合权重。r_i 的计算公式如下：

$$r_i=\sum_{k=1}^{n}w(k)\xi_i k\quad(k=1,2,\cdots,n)\quad(4\text{-}3)$$

(5) 排关联序。

因素间的关联程度，主要是用关联度的大小次序描述，而不仅是关联度的大小。将 m 个子序列对同一母序列的关联度按大小顺序排列起来，便组成了关联序，记为 $\{x_i\}$，它反映了对于母序列来说各子序列的"优劣"关系。若 $r_{0i}>r_{0j}$，则称 $\{x_i\}$ 对于同一母序列 $\{x_0\}$ 优于 $\{x_j\}$。

4.2.2　灰色关联分析法的建立及应用

基于灰色关联分析法对中型灌区节水改造效益评价研究步骤如下：

(1) 确定参考数列及比较数列。

本书以中型灌区节水改造评价指标标准为参考数列，以样点灌区指标数值为比较数列。将比较数列逐个与参考数列组合，进行灰色关联分析。

(2) 对参考数列和比较数列进行无量纲化。

以横溪河灌区为例，根据式(4-1)对参考数列及比较数列进行无量纲处理得出结果见表 4-4。横溪河灌区概况及数据同上文所示。

表 4-4　评价指标数据无量纲化结果

项目及数据	横溪河灌区	标准			
		极好（1 级）	较好（2 级）	一般（3 级）	较差（4 级）
A_1 人均粮食占有量	0. 040	≥1. 225	0~1. 225	−1. 225~0	≤−1. 225
B_1 农民人均收入	1. 396	≥1. 225	0~1. 225	−1. 225~0	≤−1. 225
B_2 单位面积粮食产量	0. 346	≥1. 225	0~1. 225	−1. 225~0	≤−1. 225
B_3 供水成本	0. 455	≤−1. 225	−1. 225~0	0~1. 225	≥1. 225
B_4 粮食作物水分生产率	1. 942	≥1. 225	0~1. 225	−1. 225~0	≤−1. 225
C_1 灌溉保证率	1. 568	≥1. 225	0~1. 225	−1. 225~0	≤−1. 225
C_2 节水灌溉面积率	1. 162	≥1. 225	0~1. 225	−1. 225~0	≤−1. 225
C_3 灌溉水利用系数	1. 751	≥1. 225	0~1. 225	−1. 225~0	≤−1. 225
C_4 渠道衬砌率	1. 274	≥1. 225	0~1. 225	−1. 225~0	≤−1. 225
C_5 排涝达标率	1. 977	≥1. 225	0~1. 225	−1. 225~0	≤−1. 225
C_6 田间工程配套率	1. 357	≥1. 225	0~1. 225	−1. 225~0	≤−1. 225
D_1 水费征收率	0. 260	≥1. 225	0~1. 225	−1. 225~0	≤−1. 225
D_2 用水户协会覆盖率	0. 560	≥1. 225	0~1. 225	−1. 225~0	≤−1. 225
E_1 灌溉水含盐量	−1. 792	≤−1. 225	−1. 225~0	0~1. 225	≥1. 225
E_2 灌区林草面积率	1. 354	≥1. 225	0~1. 225	−1. 225~0	≤−1. 225

由于评价指标标准并非一个数值，而是一个区间，采用传统关联分析中采用的点到点的计算方法是不合适的，本书采用点到区间距离的

关联系数公式,定义绝对差为

$$\Delta_{ik}=\begin{cases}\min x_{ik}-y_{ok} & (y_{ok}<\min x_{ik})\\ 0 & (\min x_{ik}<y_{ok}<\max x_{ik})\\ y_{ok}-\max x_{ik} & (y_{ok}>\max x_{ik})\end{cases} \tag{4-4}$$

依据式(4-4)对横溪河灌区组成的比较数列及节水改造效益级别数据组成的参考数列求绝对差,并求出 Δ_{ik} 的最大值和最小值。计算结果见表 4-5。

表 4-5　横溪河灌区评价指标数值绝对差计算结果

类别	极好(1级)	较好(2级)	一般(3级)	较差(4级)	$\min\Delta_{ik}$	$\max\Delta_{ik}$
Δ_{11}	0.040	0	0.040	1.265	0	3.202
Δ_{12}	0	0.172	1.396	2.621		
Δ_{13}	0.346	0	0.346	1.571		
Δ_{14}	1.680	1.680	0	0.455		
Δ_{15}	0	0.717	1.942	3.166		
Δ_{16}	0	0.343	1.568	2.793		
Δ_{17}	1.162	0	1.162	2.387		
Δ_{18}	0	0.527	1.751	2.976		
Δ_{19}	0	0.050	1.274	2.499		
Δ_{110}	0	0.752	1.977	3.202		
Δ_{111}	0	0.132	1.357	2.581		
Δ_{112}	0.260	0	0.260	1.485		
Δ_{113}	0.560	0	0.560	1.785		
Δ_{114}	0	0.568	1.792	3.017		
Δ_{115}	0	0.130	1.354	2.579		

(3)计算关联系数。

根据式(4-2)计算可得各个评价指标的关联系数,计算结果见表 4-6。

表 4-6　评价指标的关联系数

类别	极好(1 级)	较好(2 级)	一般(3 级)	较差(4 级)
A_1	0.976	1.000	0.976	0.559
B_1	1.000	0.903	0.534	0.379
B_2	0.822	1.000	0.822	0.505
B_3	0.488	0.488	1.000	0.779
B_4	1.000	0.691	0.452	0.336
C_1	1.000	0.823	0.505	0.364
C_2	0.579	1.000	0.579	0.401
C_3	1.000	0.752	0.478	0.350
C_4	1.000	0.970	0.557	0.390
C_5	1.000	0.680	0.447	0.333
C_6	1.000	0.924	0.541	0.383
D_1	0.860	1.000	0.860	0.519
D_2	0.741	1.000	0.741	0.473
E_1	1.000	0.738	0.472	0.347
E_2	1.000	0.925	0.542	0.383

(4)样点灌区的关联度。

根据式(4-3)可得横溪河灌区节水改造效益关联度为

$$r_1 = (0.878, 0.879, 0.673, 0.456)$$

将其归一化,可得 $r_1 = (0.304, 0.305, 0.233, 0.158)$,可知横溪河灌区的节水改造效益评价在较好(2 级)关联度最大,所以横溪河灌区节水改造效益等级为较好(2 级)。

4.2.3　灰色关联分析法的结果分析

根据灰色关联分析理论得出的横溪河灌区对节水改造效益评价关

联度可以看出,横溪河灌区节水改造处于极好(1 级)的关联度为 0.304,处于较好(2 级)的关联度为 0.305,处于一般(3 级)的关联度为 0.233,处于较差(4 级)的关联度为 0.158,说明横溪河灌区评价指标与较好(2 级)的关联度最大,因此节水改造效益评价等级为较好(2 级)。

4.3　项目运行的问题与对策

4.3.1　项目运行的问题

4.3.1.1　节水改造技术单一,难以发挥综合效益

横溪河灌区属中型灌区,渠系多、渠线长、输水损失大,以渠道防渗作为节水改造的主要措施符合实际,但技术上比较单一,没有立足于生产上已经验证的成套技术。制定科学合理的改造标准,土地平整、农艺节水、高效节水技术等新技术、新材料、新工艺采用的也较少,灌区节水改造科技含量不高,综合效益难以发挥。

4.3.1.2　工程设计标准低,施工质量达不到标准

灌区节水改造项目受规划时资金等条件制约,多属于“三边”工程、设计标准较低、改造不彻底,加上年久失修,配套设施缺乏,现有工程老化、损坏严重,而渠道改造每千米资金投入低,很多渠系建筑物修补后只能暂时运行。工程勘测设计时没有详细分析灌区地形地质和水文状况等特殊情况,导致改造措施没有针对性,渠道大多采用相同防渗形式和断面,受不良地质、洪水等影响后,部分防渗加固渠段出现开裂、崩塌、漏水等现象,不少采用混凝土梯形断面防渗加固的渠道在墙背超挖部位出现裂缝。另外,工程外观、伸缩缝填充等施工质量均达不到要求,部分渠段防渗体线条和平整度均不符合规范要求,伸缩缝填充材料耐久性差,经多年运行老化变硬脱落漏水。

4.3.1.3　工程投入不足,运行管护欠缺

自开始实施灌区续建配套改造后,续建配套资金已陆续全部到位,但工程施工内容却还未完成。灌区工程已运行多年,渠道渗漏崩塌、建筑物损坏严重,附属建筑物经过多年运行,完好率不足 20%,附属建筑

物配套率只有 60%,灌区节水配套改造建设任务艰巨,而中央投资有限,加上地方财政困难,工程建设管理资金缺口较大。灌区节水配套改造建设主要集中于骨干工程及干支渠系建设,到达农田的末级渠系和田间工程则疏于建设和管护,灌溉渠系"最后一公里"梗阻问题突出,既没有专项资金,也没有专人管护,长期处于"国家管不到、集体管不好、农民管不了"的状态,成为影响灌区灌溉效益的一个主要问题。

4.3.1.4 管理问题突出,管水技术落后

灌区工程管理处在 2001 年重新成立,在此之前灌区没有统一管理机构,行政主管为该县水电局,下设管理处、所、站等,与乡镇行政管理权责不明、政企不分。这样的管理体制难以做到统一调度、统一指挥,且各水管所经费各自独立核算,上下灌区矛盾重重。灌区目前大部分实行单一经营模式,按亩征收水费,水价偏低,加上征收困难,水费收入连解决管理人员日常开支都难以保证,更无法投入灌区工程维修养护。灌区目前的用水、调水技术仍然是传统的依靠管理单位逐级下达,从指令下达到技术操作耗时较长,调水不够及时,同时具体工作人员劳动强度大,加上无法预知所需流量,不能进行符合众多水源点实际的综合调度,水库群优化调度技术落后问题日益突出,灌区亟需完善信息化管理系统。

4.3.1.5 信息化建设不足,用水计量缺乏

灌区缺乏量水设施设备,农业灌溉用水方式粗放,用水量大而利用率低,难以落实计量收费,不利于灌区农业用水管理和灌溉用水效率的提高。灌区已完成信息化投资 42 182.7 万元,还有 317.3 万元尚未完成;完成南京市科学灌溉试验站改造投资 500 万元,还有 600 万元尚未完成。灌区信息化建设和用水计量均不能满足最严格水资源管理制度和农业现代化发展的要求。

4.3.2 解决的对策

4.3.2.1 采用多种技术,发挥改造效益

除渠道防渗改造外,从调整种植结构、进行土地平整、采用农艺措施、发展节水灌溉等多方面进行灌区节水改造。首先,项目灌区具有较

好的水利条件,调整种植结构有利于灌区农业经济效益的提高和农村经济的发展;其次,大规模、高精度平整土地技术有助于提高中型灌区田间水利用效率,将激光平地技术应用于灌区节水改造中,也符合农业现代化的要求;再次,采用平衡施肥和耕作保墒等农艺节水措施,对于中型灌区实现提高降水利用率和水分生产率的节水改造目标非常关键;最后,在有条件的灌片适度发展喷灌、微灌等高效节水灌溉技术,这些先进的灌溉技术对于经济作物具有广泛适用性,应适度发展。

4.3.2.2 提高建设标准,保证施工质量

随着灌区节水改造投入的加大,灌区建设要在已有基础上重新进行规划设计,提高建设标准,勘测设计应针对渠道原貌、水文地质等情况进行深入勘测,渠道断面设计应具有针对性,与渠道原貌和水文地质情况相适应,应细化混凝土梯形断面和浆砌石矩形断面设计。同时,在施工时应保证质量,工程外观应符合规范要求,采用耐久性较好的伸缩缝填充材料,并按设计要求将伸缩缝处理干净后再按要求调料填充,确保在工程施工的各个阶段均按规定和要求进行,使工程质量得以保障。

4.3.2.3 加大投入力度,拓宽资金来源

加大投入是工程建设的关键举措和重要保障,必须广辟投资渠道,建立健全以公共财政为主体的多元化、多层次投入增长机制。一是积极争取中央资金投入的同时,切实落实从土地出让收益中提取水利建设资金的政策,尽早落实配套资金;二是制定优惠政策,广泛吸纳社会资金投入,鼓励符合条件的乡镇和单位通过直接或间接融资方式参与工程建设,引导和鼓励金融机构增加水利建设投资信贷资金;三是充分利用“一事一议”“先建后补”“民办公助”等政策,按照“谁投资、谁受益”的原则,鼓励和引导多种形式的融资,组织受益群众参与建设;四是建立水利投入责任体系和考核奖惩制度,在划清事权的基础上,明确各级政府的水利投入责任,并进行年度考核和专项考核,明确奖惩制度,确保投入到位。

4.3.2.4 深化体制改革,完善管理机制

灌区节水配套改造和用水管理任务繁重,必须完善制度,深化改革。一是继续落实水管体制改革各项政策,将灌区管理单位的人员工

资等基本支出和维修养护经费按中央和各省政府有关规定纳入县级财政统一发放；二是推进农业水价综合改革，把农村集体和农民用水合作组织管理工程费用纳入水价测算范围，探索实行定额内用水享受优惠和超定额用水累计加价，全面落实最严格的水资源管理制度，建立健全科学、合理的水价形成机制，加强农业用水计量，推进用水计量收费；三是强化工程建设管理，做到工程前期准备到位，完善并严格执行项目招投标制、法人责任制、工程监理制、质量终身负责制。

4.3.2.5　加强基层队伍建设，夯实运行管理基础

全面提高灌区工程建设、管理效率与效能的关键措施，是建立一支能够适应水利现代化建设和管理的专业化人才队伍。一是稳步推进以农民用水户协会为主要形式的农民用水合作组织建设，加强用水合作组织能力建设和规范化管理，全面提升基层水利服务能力；二是加快普及灌区管理信息系统，着力提高管理科技含量，全面提升灌区管理水平，以管理信息化带动现代化，除应用传统的自动化技术外，进一步将信息网络、信息平台、信息决策、信息服务等信息共享技术应用于灌区节水改造；三是加大基层服务人员的培训力度，加强对灌区建管人员在水利政策、法规、专业知识和经营管理等方面的技能培训，提升灌区建设管理队伍的整体素质。

第5章 农业节水技术的适宜性分析与优选方法

5.1 高效节水技术的适宜性分析

在江宁区9个中型灌区中,选取应用较为广泛的5种农业节水技术进行适宜性分析,这5种农业节水技术分别为喷灌技术、微灌技术、渠道防渗技术、低压管道灌溉技术、渗灌技术。

5.1.1 高效节水技术适宜性影响因素分析

本研究将农业节水技术的适宜性评价所涉及的影响因素综合到三个总类别:技术可行性因素、节水主体认可性因素、运行可持续性因素,下面逐个分析指标层中各个指标。

5.1.1.1 技术可行性因素

1. 气候适宜性

对于气候适宜性主要考虑地区风力、空气湿度及冬季最低温度方面进行考虑。南京市江宁区属于亚热带季风气候,气候湿润,关于节水技术对气候的适宜性主要考虑风的因素,如风力对喷灌限制作用较大,所以它不适用于风强度大的地区,但管灌几乎受不到风的作用。而对于喷灌等某些技术,空气湿度影响其雾化效果,若空气湿度小,则在喷洒过程中易蒸发。空气湿度的大小多用相对湿度表示,而一般情况下,空气湿度会随着温度的上升而下降,所以温度因素间接影响某些节水技术对于空气湿度的适宜情况。这里需要特别注意的是,地区冬季最低气温对于输水技术中渠道防渗冻融及低压管道最小埋深的影响。综合来说,节水技术对于气候适宜性主要考虑其对风力及温度的适宜性情况。

2. 地形适宜性

各种节水技术对地形要求不同,而我国地形条件类型较多。农田表面的平整情况影响下渗水分在灌溉农田范围内的分布及由于深层渗漏而造成的水量损失。因此,节水技术对于地形的适宜性着重研究地面平整程度的影响。而对于输水过程中节水措施和田间所采取不同节水方式要分别加以考虑,如渠道防渗及低压管道输水属于自流系统,需要一定坡降适用于有高差的地形条件,而对于田间节水方式如喷灌技术属于有压系统,一般都有较好的地形适宜性,但对于某些高差较大的地区,其出水口或灌水器的灌水均匀度将会受到影响。

3. 水质适宜性

《农田灌溉水质标准》(GB 5084)提出水质指标包括温度、悬浮物、pH、有机物等。灌溉农田用水大多采取就近原则,节水技术对于水质适宜性主要是针对悬浮物这项指标,没有严格要求水质条件的管道输水技术和渠道防渗通常不受水质限制,而对于喷滴灌技术这项指标特别重要,若灌溉水中包括泥沙及杂质的总量超过100 mg/L,会将土壤气孔堵住,限制作物获取氧气从而抑制生长。若将超标水喷洒至叶片表面,会抑制作物正常的光合作用。另外,水中含有的某些化学物质及生物也易造成滴水器的化学堵塞和生物堵塞,也极易造成喷头和滴头的物理堵塞。

4. 土壤适宜性

土壤类型导致其渗透性有所差异,则节水技术对于土壤的适宜性主要体现在水分入渗性能方面,以土壤的透水性加以分析适宜性。地面灌溉中的畦灌、沟灌、漫灌适用于中等透水性的土壤,而对于某些透水性小的盐碱土地区则适宜于淹灌。与地面灌溉相比,喷灌及局部灌溉对土壤的适宜性相对较好,其中喷灌、滴灌、微喷灌适用于各种透水性的土壤,尤其是喷灌更适用于透水性大的土壤。另外,渗灌则更适用于透水性相对较小的土壤。

5. 作物适宜性

节水技术对作物的适宜性包括其对作物种类、种植密度及耕作方式等的适宜情况。对于作物种类的适宜性主要考虑高附加值和普通粮食作物两类,对经济产值较高的密植种植型农业区,微喷灌适宜性更强;相比大田种植的经济产值一般的普通粮食作物,可考虑区域实际经济实力,采取大田固定式等低成本方案的喷灌,或推广管灌或合理沟、畦。对于作物种植密度方面,如小麦等密植作物更适合应用畦灌灌溉方法,而玉米等宽行作物则更适合应用沟灌灌水方法,但就经济价值相比较,高果树、瓜果类宽行作物则更适合采用滴灌灌水方法;另外,对于根系较深的作物,适宜采用渗灌灌水技术。

6. 能源要求

节水技术对于地区可行性势必要考虑到能源状况从而做到因地制宜的选用技术,着重考虑地区所提供的电力条件。

7. 农业水利区域规划要求

根据《全国农业区域规划》和《全国水利区域规划》,各地都编著有符合当地农业发展的农业区域综合开发总体规划、农田水利规划与节水灌溉规划等,对于区域内节水技术选用起到大方向上的指导作用。节水技术越顺应区域内农业用水总体布局、灌溉水资源供给和所需状况等,其适宜性越好。

8. 生产管理体制

对于生产管理体制,节水技术适宜性主要考虑土地经营方式和土地流转两个方面。目前,我国农田以实行农户以家庭为单位承包后个体种植为主,有效调动农民生产积极性,农民可自主决定种植结构与技术采用。但这种体制的自发性和盲目性及个体农户投入能力较低等因素不利于农业产业化经营,阻碍适用于规模化的集中统一种植作物的节水技术的采用。而对于土地进行流转,以大型农场形式进行管理的农田大规模的节水技术适宜性更好。

5.1.1.2 节水主体认可性因素

1. 增产效果(水分生产率)

节水技术的核心是在保证农业产出前提下尽可能提高水分利用率和水分生产率,而增产效果是指单方灌溉用水的农作物产量增加量,这里主要由水分生产率体现。不同灌水技术对农作物需水量和产量产生不同作用,进一步产生不同的水分生产率。与传统的地面灌溉相比,在某些缺水或地形高差大的地区，喷灌技术、微灌技术可增产三成左右。节水技术的增产效果计算公式如下：

$$B_1 = \frac{L_2 - L_1}{L_1} \quad (5\text{-}1)$$

式中：B_1 为增产效果；L_2 为节水技术实施后单方灌溉水的农作物产量，kg/m^3；L_1 为节水技术实施前单方灌溉水的农作物产量，kg/m^3。

2. 单位面积节水工程投资

单位面积节水工程投资是指节水工程总投入平均在每公顷农田上的投入额，它是农户衡量建设项目各自所需投入多少的指标。农户更愿意接受投资少、回收快的技术，所以单位面积的工程建设投资成本很大程度上影响着农户对技术的认可性，需要从农户认可性角度考虑节水技术对于地区的适宜性。

$$B_2 = K/S \quad (5\text{-}2)$$

式中：B_2 为单位灌溉面积投资，万元/hm^2；K 为项目总投资，万元；S 为项目区总灌溉面积，hm^2。

3. 投资回收期

节水工程建设期及投产后所得净经济收益能够达到其工程所有投资所经历时间。它体现工程或方案投资回收速度快慢，根据资金的时间价值因素考虑与否将其分类为静态和动态的投资回收期。前者忽略资金时间价值，后者将工程逐年的净现值依据收益率折算至现值基础上，再按照静态计算。这里需要注意的是，在我国农产品价格普遍偏低的大形势下，节水技术采用的受益群体并非仅农户自身，国家对节水技术的应用实施补贴政策，所以对于投资部分应减去相应的补贴再进行计算。灌溉项目投资回收期越短，风险就越小，相同时间内盈利越多，则农户也越愿意接受，相应的节水灌溉技术的适宜性也越好。

$$B_3 = K/(B - C) \quad (5\text{-}3)$$

式中：B_3 为投资回收期，年；B 为年均增产值，万元/年；C 为多年平均运行费，万元/年。

4. 农民经济承受能力

纵观近年来我国的投资政策，对于规模中级以上节水工程由中央拨款或区域政府投资及农民分级进行承担,而分配至农民的资金份额大多达总资金的三成以上,且项目运行费用只由农民自行承担。因此,区域经济发展水平及当地农户纯收入多少,决定着技术是否适宜在区域内应用及推广。因此,筛选出农民人均收入、非农劳动力占比、区域企业发展状况作为衡量农民对于节水技术的经济承受能力。农民的经济承受能力强,农民则更愿意接受新技术,技术的适宜性随之就越好。

5. 运行管理难易程度

就农户本身来说,文化程度普遍偏低,他们对技术的接收、转化乃至应用的能力都会成为节水技术在运行管理方面的实践考验。节水技术的运行管理难易直接影响农户对于技术操作的学习,越是易于农户掌握、易于运行管理的技术,适宜性越好。

6. 省工程度

省工程度是指节水技术运行后和运行前灌水方法相较节省下来的劳动率。

$$B_6 = P/Y \tag{5-4}$$

式中:B_6 为节省的劳动力率; P 为节水灌溉技术运行后节省下来的农工数量,个; Y 为原劳动力数量,个。

7. 政府扶持力度

政府扶持力度是指政府在节水技术的施行过程中提出的政策支持、技术指导及提供的资金补助情况。

8. 经济效益费用比

经济效益费用比是指单位费用所获得的效益,利用每年效益和费用分别按收益率折算至现值加和的比值表示。用此指标评价实施节水技术的经济合理性标准为:当其不小于 1 时,此方案具有经济合理性,更容易被农户接受。

$$R = \frac{(1+i)^n - 1}{i(1+i)^n} \frac{B-C}{K} \tag{5-5}$$

式中:R 为经济效益费用比;n 为使用年限,年;i 为资金年利率(%)。

5.1.1.3　可持续性因素

1. 农民生活水平的提高

以农民自身利益角度，体现节水技术的运行产生的社会经济。节水技术能够有效增产和改善品质，以上调农户收入，提供支撑技术的经济基础，维持技术的经济可持续性。另外，某些节水灌溉技术还能够保护区域生态环境，有效改善区域生活环境，明显提高农户生活质量，在某种程度上提高了对节水技术的满意认可程度。

2. 区域经济促进程度

节水技术的实施有效减少了灌溉用水量，则在水资源总量不变的前提下相对减少了农业用水对工业及生活用水的挤占用水量，所以节水技术的适宜在推动农业良性发展的同时，也推动当地工业及其他产业经济的进步，整体上加快地区的经济进步，提高对于技术投入的经济支撑。

3. 改善农田的小气候

农田的小气候是指农田表面向上2 m内空气层的温度、湿度、光照和风的情况和土壤表面的水分、热量状况，是农作物生长所需的重要环境基础，直接或间接地作用于农作物生长发育及产量。而节水技术的应用，能够改变区域农田水分分布状况，有效改善农田的小气候，使作物更适应周围气候，推动生态环境的良性循环，反向为技术可持续性提供保障。

4. 土壤的侵蚀情况

节水技术实施对于土壤的影响主要考虑土壤侵蚀，其主要分为结构遭破坏、盐碱化加重、肥力的流失三个方面。节水技术的合理应用能够有效改善这些状况，如滴灌技术能够保持作物根系附近土壤的湿润状态而不会板结；渗灌可有效避免地表水分蒸发和水土流失，能够起到疏松土壤结构、提高土壤所含肥力、增高地面表层温度的作用。滴灌技术和微灌技术能够提高作物对土壤肥力的有效吸收能力。

5. 土壤的排盐情况

一般盐碱化地区引进节水技术情况需考虑区域土壤排盐能力。在水源或降雨丰富地区，农田能借助灌溉水或雨水的淋洗，起到排盐降碱、减少盐碱地面积的作用，这些地区的节水灌溉技术能够将节水与排盐良性结合的，其适宜性好；在缺水农业区，对于那些灌水强度不大的节水技术，土壤排盐不达标，其适宜性较差。

6. 土壤蓄水水库的调节蓄水能力

土壤蓄水水库是指地表与潜水位之间存在的土壤孔隙能够蓄水的容积。地下水位决定其调节蓄水的能力。在降雨年际、年内分配不均的地区，节水技术的引进需考虑其对土壤蓄水水库调蓄能力即调控地下水位的能力。那些能够科学控制地下水埋深，充分利用降水资源达到降水资源多年相互调节的节水技术的适宜性更好。

7. 节水量

节水量是指在保证灌溉效果情况下，节水技术的实施对水资源的节约程度。

8. 促进区域农业发展

区域内农业节水项目的实施，能够为农业结构调整提供基础条件的同时，还可以有效加快农业基础设施建设进程，改善农业生产条件。并且采用农业节水工程实现对农业用水浪费进行控制，把节约那部分水资源拿来补充相距不远的水资源短缺农田的灌溉，可在某种程度上推动整个地区农业的进步，反向提高节水技术的适宜性。经过进行国内外节水技术的适宜性评价相关文献复习与论证，结合其影响因素的分析，最终确定了涵盖节水技术适宜性各个方面的 24 个评价指标，其中，技术认可性方面 8 个、节水主体认可性方面 8 个、农业可持续性方面 8 个。

5.1.2　高效节水技术的适宜性评价模型的建立及实现

区域节水技术的适宜性的评价是一个复杂的大系统，节水技术适宜性涉及技术对地区的可行性、节水主体对技术的认可性、技术在地区运行的可持续性等多方面的因素，它们又相互影响，构成相当复杂的非线性体系。目前虽然对复杂多因素评价的研究方法较多，但权重大多是通过主观确定法和客观确定法来确定的，而这两类常用方法又有各自局限性：主观赋值法依赖于专家的学科知识、科研经验，受人为因素干扰较大;客观赋值法具有模糊随机性,从而导致其结果解释性不强,存在一定的缺陷。研究表明,投影寻踪模型有效避免了人为因素对指标权重确定的影响,它是一种基于统计思想进行构建的评价模型,其评价结果相对客观。本方案将投影寻踪模型和加速遗传算法相耦合应用于节水技术适宜性评价的研究中,利用加速遗传计算方法的全局收敛特点来求解投影寻踪数学模型,找出最佳的投影方向,进而进行聚类分析。通过这样流程建立基于实码加速遗传算法的投影寻踪评价模型(Real Coding Based Accelerating Genetic Algorithm-Projection Pursuit Evaluation Model),简称 RAGE-PPE 模型。

5.1.2.1　模型的构造

(1)深入剖析系统的基础上,找出研究总目标,划定方案所涵盖区域、需应用的措施和决策、达到目标的原则和影响因素等,广泛地收集信息。

(2)根据方案及各个节水技术下的各个指标值建立样本评价指标集。

(3)把样本指标集向某一单位长度向量投影,依据投影值的分步特征要求建立投影指标函数。

(4)采取实数编码的加速遗传计算方法通过求解指标函数最大化近似得到最佳投影的具体方向。

(5)利用最佳投影的方向得出样本投影值,并进行排序。

5.1.2.2　模型的建立

1. 技术指标集向 a 进行投影所得投影值

$$z(i) = \sum_{j=1}^{p} a_j x_{ij} \tag{5-6}$$

式中:x_{ij} 为第 i 个灌水技术第 j 个指标数值;a 为单位长度向量,$a = \{a(1), a(2), a(3), \cdots, a(p)\}$;$p$ 为指标数目。

2. 投影指标函数

综合投影指标值对于投影值分散分布情况提出其投影点之间密集,而全局上尽量分散。所以,投影指标函数可以表达成:

$$Q(a) = S_z D_z \tag{5-7}$$

式中：S_z 为投影值 $z(i)$ 的标准值；D_z 为投影值 $z(i)$ 的局部密度。

投影值 $z(i)$ 的标准值 S_z 和局部密度 D_z 的数学计算式为

$$S_z = \sqrt{\frac{\sum_{i=1}^{n} [z(i) - E(z)]^2}{n - 1}} \tag{5-8}$$

$$D_z = \sum_{i=1}^{n} \sum_{j=1}^{n} [R - r(i,j)] \cdot u[R - r(i,j)] \tag{5-9}$$

式中：$E(z)$ 为序列 $\{z(i) \mid i = 1 \sim p\}$ 的平均值；R 为局部密集程度的窗口半径，实际运算中常取0.1 S_z；$r(i,j)$ 为样本之间的距离，$r(i,j) = z(i) - z(j)$；$u(t)$ 为单位阶跃数学函数，当 $t \geqslant 0$ 时，$u(t) = 1$，当 $t < 0$ 时，$u(t) = 0$。

3. 投影目标函数优化

高维数据的特征通过相应投影方向来体现，而那个最大程度表观高维数据存在的某类数据结构的为最佳指投影方向。每个决策单元指标值样本集确定后，投影指标函数仅仅受投影方向的影响。而最佳指标投影方向可以采用指标函数的最大化来计算，即

目标函数：
$$\max[Q(a)] = S_z \cdot D_z \tag{5-10}$$

约束条件：
$$\sum_{j=1}^{p} a^2(j) = 1 \tag{5-11}$$

5.1.2.3　节水技术适应性评价模型的求解

1. 指标的量化

在节水技术的适宜性评价指标中，同时包含定量指标和定性指标两种。本研究对于各定量指标以水利统计年报、水利管理年报等为依据并给出其具体的计算公式，而对于定性指标则采用问卷调查方法进行定量。在研究区域内以发放调研问卷并进行半结构式访谈的方式，对农户、基层农业、水利技术人员及灌区管理人员针对各定性指标的现状进行调查，将对每个指标的评估设定成“一级：好；二级：较好；三级：一般；四级：较差；五级：差”来衡量，采用公式对每个指标的现状调查数据进行量化。

指标量化：

$$X_{ij} = (f_1 \times M_1 + f_2 \times M_2 + f_3 \times M_3 + f_4 \times M_4 + f_5 \times M_5)/N \quad (5\text{-}12)$$

式中：$M_1 \sim M_5$ 分别为相应的量化指标等级，$M_1 = 10$，$M_2 = 8$，$M_3 = 6$，$M_4 = 4$，$M_5 = 2$ 与之对应的量化指标依次为一到五的等级；$f_1 \sim f_5$ 为相应频率等级的样本数；N 为样本总数。

2. 技术评价指标样本集的归一化处理

评价指标值的数量级不同，因此需要消除每个指标值的量纲，使得每个指标值的相应变化范围一致，使每个指标在同一层次中具有可比性。

对于越大越优的指标：

$$x_{ij} = \frac{x_{ij} - x_{j\min}}{x_{j\max} - x_{j\min}} \quad (5\text{-}13)$$

对于越小越优的指标：

$$x_{ij} = \frac{x_{j\max} - x_{ij}}{x_{j\max} - x_{j\min}} \quad (5\text{-}14)$$

式中：$x_{j\max}$ 为第 j 个指标的最大值；$x_{j\min}$ 为第 j 个指标的最小值。

3. 利用实数编码加速遗传算法（RAGA）来求解投影目标函数

对于这种复杂的非线性关系的优化问题，传统的方法几乎失效。实码加速遗传算法为适用性强的可全局进行优化的方法，对于这种问题，则体现出其优越性。

遗传算法的基本思路为将一簇系统随机产生的可行解看成父代群体，将体现适应度的目标函数衡量这些个体对于环境的适应能力标尺，从中找到适应环境解，然后交叉生成下一子代个体、再经遗传变异，经过优胜劣汰过程，生成更能够适应此环境的新一代，以此循环进化迭代，使得新生个体的环境适应能力越来越强，达到收敛最后找出解决问题的最优解。然而，标准遗传方法的寻优有效性会随着变量的初始化区间变大而变差，从而全局收敛性不能得到保证，致使容易出现在未到达甚至距离全局最优很远的点，SGA 就停止寻优的情况。为此，在 SGA 基础上，实码加速遗传算法取前两次进化迭代生成的优秀新一代个体变量的变化范围当作初始变化区间，再一次运行算法，进行加速进化,有效缩短了优秀个体的区间,并越来越靠近最优点。最终,最优个体的目标函数求解值不超过预先设定值或加速进化满足预先预定次数时,全算法加速运行完毕,把当前群体中存在的最佳个体确定成算法的结果。

本研究将利用实数编码的加速遗传计算方法(RAGA)求解投影的优化准则函数得出最佳投影方向{ ja)(|π~1 },进而计算得出各节水技术适宜性评价值。根据其大小对节水技术适宜性情况实现分析、排序。针对灌区实际,对各节水技术适宜性进行合理的评价。

5.2　灌区高效节水技术的选择

5.2.1　灌区节水技术适宜性评价指标的选取

本方案选取江宁区中型灌区发展相对较好及已有研究提倡引进的田间节水技术进行综合的田间节水技术适宜性评价。具体技术包括:渠道防渗技术灌溉、滴灌、喷灌、微灌、低压管道技术灌溉。

考虑到江宁区中型灌区的实际情况及数据可获取的情况,进行节水技术的适宜性评价的指标选取,各项指标的特征值见表5-1。

表5-1　评价指标特征值

指标	渠道防渗技术	滴灌	喷灌	微灌	低压管道
气候适宜性	0	0	0	0	0
地形适宜性	−2	1	2	2	2
水质适宜性	0	−2	−1	−1	0
土壤适宜性	0	3	2	3	0
作物适宜性	2	0	1	0	0
生产管理体制	2	−1	−1	−1	0
单位面积节水工程投资	2	−1	0	0	1
农民经济承受能力	0	−1	−1	−1	0

续表 5-1

指标	渠道防渗技术	滴灌	喷灌	微灌	低压管道
运行管理难易程度	3	0	1	1	1
省工程度	0	2	2	2	1
政府扶持力度	0	2	2	1	1
改善农田小气候	2	0	0	0	0
节水量	0	3	2	2	1

5.2.2　江宁区中型灌区田间节水技术的适宜性评价

利用基于 RAGE-PPE 模型对江宁区中型灌区节水技术进行适宜性评价,选取以 0.05、0.95 为界点对不同技术指标值进行分段,并在各段内随机生成20 个指标样本 $x^*(i,j)$,并对指标集 $x^*(i,j)$ 归一化处理得到 $x(i,j)$ $(i=1,2,\cdots,60;\ j=1,2,\cdots,13)$,对新生成分段样本构建 PPE 模型。评价样本为 9 个,评价指标为 13 个。在 RAGA 计算过程,本研究选定父代初始种群规模为400,优秀个体数目选定为25 个,交叉及变异概率为 0.80, 加速次数为 20 次, 用 RAGE-PPE 模型中的式 (5-5)、式(5-6) 得出最佳投影方向为:$a=$ (0.387 9,0.373 3,0.392 3,0.383 6,0.369 3,0.388 8,0.363 3,0.364 0,0.317 5,0.408 6,0.330 5,0.325 9,0.271 7)。最佳投影方向的各项分量值体现对应评价指标的权重情况,也就是反映了它们对于江宁区中型灌区节水技术适宜性的影响程度。

从模型结果的分析可以看出,模型所确定的各评价指标权重与灌区实际情况基本相符,相对客观,这也检验了模型的准确性。

5.2.3　江宁区中型灌区田间节水技术的适宜性评价的结果

根据所得投影方向值,将江宁区中型灌区各评价样本代入式(5-6)得出灌区各项节水技术的投影值 $z(i)$,其计算结果为

$$z(i)_{渠}=2.448\ 7$$

$$z(i)_{\text{滴}} = 2.2426$$
$$z(i)_{\text{喷}} = 4.0548$$
$$z(i)_{\text{微}} = 3.0868$$
$$z(i)_{\text{管}} = 2.4382$$

各投影值$z(i)$体现了各项田间节水技术对于江宁区中型灌区现行情况下的适宜情况，从各技术对于江宁区中型灌区适宜性评价样本的投影值可以看出，目前各田间节水技术针对江宁区中型灌区的适宜性为喷灌>微灌>渠道防渗技术灌溉>低压管道灌溉>滴灌。根据模型结果得出，喷灌、微灌、渠道防渗技术灌溉、低压管道灌溉、滴灌的适宜性都比较好，可适当推广。

5.3　农业种植结构调整

高效节水灌溉技术的应用需要以发展高效农业为载体，只有在发展高效农业的同时，才能发挥出高效节水灌溉技术的真正效益。随着江宁区经济的快速发展，江宁区各中型灌区的传统农业亟待向高效农业转型，在农业转型的进程中，农业种植结构的调整是必不可少的。对此，本节着重讨论农业种植结构调整中存在的主要问题与应对的有效策略。

5.3.1　农业种植结构调整中存在的主要问题

5.3.1.1　传统观念根深蒂固

在一定程度上，一些基层干部和农民在农业种植上受到传统种植观念的束缚，难以接受新的种植结构形式，导致农产品的供求失衡，同时缺乏拓展市场的眼界，在农产品的创新上停滞不前，无法满足消费者日益多元化的产品需求。

5.3.1.2　传统种植业的地位日渐衰退

在某些行政村，受自然环境的影响，适合发展多种产业，如林业、新型种植业等，但这些零散产业的出现及发展很大程度上影响了传统种植业的规模。

5.3.1.3　农产品的销售渠道闭塞

销售渠道畅通对农民利益的增加有着非常重要的关系。尤其是偏远地区,农民对于农产品市场的信息关注度不够,也很难了解最新信息,因此很难打开销售渠道。此外,多数农民的销售方式仍局限在等客上门的现状,外运的形式较少,导致农产品滞销。

5.3.1.4　调整种植业结构

由于种植业结构调整的规模大,涉及人员、土地等多种因素,因此很难一次性进行改革。在资金投入上较为困难,在新品种、新技术的开发与推广上也有诸多困难。

5.3.1.5　农民综合素质不高

农村劳动者的学历普遍较低,对于新知识的掌握能力较弱,不利于新技术的推广与应用,再加上根深蒂固的传统思想观念,也制约了农业现代化的发展进程。

5.3.2　农业种植业调整的有效策略

5.3.2.1　大力提升种植业的质量和效益

种植业结构调整不能急于求成,首先要稳定种植面积,在此基础上提高农产品质量。在不同地区之间,根据地域优势,着重发展一种农作物的种植,加快品种的更新速度,从而用质量占领市场。推动农副产品的发展,增加农副产品的附加值,也是提高农产品效益的有效途径。

5.3.2.2　合理分配区域发展项目,提高种植业地位

我国始终把农业发展作为首要发展目标,虽然多元化的产业发展对于地区经济效益的提升有着重要影响,但仍应将种植业作为区域发展的核心,因此在优化结构上,必须要提升对种植业的重视程度。

5.3.2.3　推动农产品销售的订单化和合同化

目前,农产品的销售模式过于分散,而且不能绝对保证销售,影响了农民的经济效益。因此,促进种植业的订单化和合同化能够促进工农一体化经营,扶持和培养龙头企业,让龙头企业带动当地农民的农业种植规模化、产业化经营,将农业种植更加集中,从而减少种植的盲目性和零散性,提高经济效益。

5.3.2.4　完善农业服务保证体系

农业服务体系的完善对于提高农户的积极性有着很强的推动作用,能够帮助种植业更加网络化,使更多的科研成果应用到种植业上。健全农村市场合作机制能够帮助农产品更好地融入市场,强化农副产品销售市场建设,分析农产品的市场需求走势,更好地做好农业信息服务工作。

5.3.2.5　着力提高农户的综合素质及对于科技的认知度

在农业种植业调整过程中,农民是中坚力量,为此要把提高农户的综合素质放在重要的位置上,通过对农户的基础性教育以及农业种植的科技培育,帮助农户更好地进行种植业调整,顺利完成农业种植业结构过渡。在工作实践中,可通过挂钩扶贫、知识讲座、入户指导、“企业 + 农户”等多种方式提升农民综合素质。

总之,切实结合农村实际进行农业产业结构调整,促进农民增收,这是新时期农村的工作重点。在工作实践中,工作人员应转变观念,树立发展意识,深入农村调查实践,结合农村实际情况,综合分析,思考对策,因地制宜,切实帮助农民提高收入,促进我国农村经济快速发展。

第 6 章　典型灌区节水规划与江宁区灌区节水管理模式

6.1　典型灌区节水规划

江宁河灌区位于江宁区西南部，灌区总面积 120 km^2，现有耕地面积 10.2 万亩，区内包括江宁、谷里 2 个街道，总人口 11.0 万人，其中农业人口 4.71 万人，非农业人口 6.29 万人。江宁河既是江宁河流域的行洪河道，又是江宁河灌区的引水河道，由江宁河引长江水灌溉。江宁河全长 19.5 km，河底宽 10～25 m，河底中心高程 2.5～4.0 m，起于江宁河口，讫于陆郎的张家坝，流经江宁集镇和陆郎集镇。流域内有梅山冶金公司、宁芜铁路、205 国道、宁马高速、滨江开发区等大批重要经济设施。江宁河闸距江宁河入江口约 800 m，主要功能防洪、蓄水灌溉，闸净宽为 3 孔×10 m，闸底高程 3.0 m，设计洪水标准 20 年一遇，设计流量 373 m^3/s，设计挡洪水位 11.58 m。2001 年建成后对下游挡洪及流域内蓄水灌溉发挥了较大经济效益和社会效益。

江宁河灌区经过多年的建设，已初步形成了引、蓄、灌、排工程体系。江宁河是灌区的主要引水河。团结、花塘、石山、河西、陆塘、江家和金家等七条抗旱线为灌区干渠，也是灌区周边的中小型水库的补充水源。灌溉用水紧张季节，通过灌区提水泵站引长江水灌溉，而灌区内外水库、塘坝是灌区的重要水源；非灌溉季节，水库、塘坝如缺水，可由泵站通过灌溉干渠向其补水。

灌区运行近四十年，现有水利设施已是老化破损，灌溉用水紧张，灌区的工程效益不断下降，有效灌溉面积不断萎缩，严重制约着灌区农村经济的进一步发展，也与“两高一优”农业和现代化农业发展要求不相适应。因此，无论是从投入产出角度还是从水资源充分合理利用的角度来讲,本灌区节水配套改造工程的实施十分必要,也十分迫切。

这里选择江宁河灌区作为典型灌区,江宁区灌区节水改造工程可以分为工程措施和管理措施两个方面。工程措施主要包括渠首工程与渠系建筑物工程改造、输水工程、田间节水灌溉技术,以及排水工程改造,而管理措施主要指灌区的种植结构调整和水资源优化配置,以及灌区的用水管理改革。

6.1.1　工程措施

6.1.1.1　渠首工程与渠系建筑物工程改造

根据不同工程老化部位、程度和原因制定相应补救措施,重点对一些引水建筑物采取除险加固、维修更新启闭设备、加坝、加闸等措施。对于老化程度极为严重的水泵、电机和变压器等机电设备采取维修、更换部分机械和电气设备。渠道配套建筑物要重点针对“卡脖子”工程及老化严重的分水、量水设施进行改造,使灌区的配水分水、量水建筑物正常运行。充分利用原有建筑物,对部分破损建筑物分别采取维修、加固或更新等措施;如若骨干灌溉工程已形成,但仍有部分建筑物未能配套齐全,应续建渠系建筑物,对一些断面尺寸小、过流能力不足、严重阻水的建筑物进行必要的修复与扩建,满足灌区配水要求。

6.1.1.2　输水工程改造措施

(1)整改不合理及功能衰减渠道。尽可能利用现有渠道输水系统,但要对灌区渠系局部不合理布局进行调整。对部分由于塌方、淤积、冲刷等造成过水能力不足的渠道,进行整治改造,采取清淤、换土或衬砌,甚至局部改线等措施,恢复输水能力。

(2)渠道防渗。灌溉用水一半左右的损失发生在输水环节。采用渠道防渗技术后,可使渠系水的利用系数提高到0.75~0.85。此外,渠道防渗还具有加大过水能力、减小过水断面,有利于农业生产抢季节,节省土地等优点。渠道防渗主要采用混凝土衬砌、浆砌石衬砌、预制混凝土与土工膜复合防渗、沥青材料防渗等形式。根据渠道渗漏损失程度,从经济、防渗效果、抗冻胀性能及施工难易等方面综合选择适宜防渗形式。对于地下水埋深大,基本不冻胀或弱冻胀渠床,可优先考虑防渗效果好,造价较低的膜料防渗结构形式;对砂、砾石渠床或边坡稳定性差的渠床可采用混凝土防渗结构;在宽线或渠道上,可采用渠底为膜料防渗,边坡为混凝土护坡防渗的复合防渗结构形式;对于有固渠要求、冻胀性强、地下水埋深较浅的渠道,可采用膜料与干砌石相结合的复合式防渗结构形式。

(3)管道输水。具有节水、输水迅速、省地、增产和有利于抢季节等优点。利用管道输水,水的利用系数可提高到0.95,省地2%~5%。主要适用于机井、泵站等提水灌区。我国管道输水常用的管材主要有塑料管、涂塑软管和混凝土管,其中专门用于管道输水的低压薄壁塑料管应用最为广泛。在输水渠通过居民区的地方,可采取暗渠输水,减少渠道输水损失,提高渠系水利用系数,同时避免灌溉水受到污染。

6.1.1.3　田间节水灌溉技术

(1)改进地面灌溉技术。主要指平整土地、缩小田块与沟畦尺寸,达到节水的目的。另外,还有波涌灌溉、地面浸润灌溉、负压灌溉和膜上灌等形式。灌区改造中,配合骨干工程节水配套改造,应积极推广平整土地,缩小田块,改进沟灌、畦灌技术以及加强田间渠道配套建设。

(2)喷灌技术。是一种先进的田间灌水技术,可使水的利用率达80%。由于取消田埂、畦埂及农毛渠,一般可以节省土地10%~20%,作物增产幅度可达20%~30%。此外,不需平整耕地、修建田间农毛渠和打埂,不但省工省力,而且有利于农业机械化、现代化。

(3)微灌技术。将水和肥料浇在作物的根部,它比喷灌更省水、省肥,水的利用率可达90%以上,适用于果树、蔬菜、花卉、棉花等经济作物。当前在我国推广的主要形式有微喷灌、滴灌、膜下滴灌和渗灌等。

6.1.1.4　排水工程改造

对于老化失修、功能丧失的排水沟进行疏通与整治,配套完善排水建筑物与排水泵站。在一些地下水质较差的灌区,建立完善的排水系统,控制地下水位显得更为重要。排水工程可主要采用明沟排水、井灌代排等措施。排水形式以自排为主,抽排为辅;排水承泄工程,尽可能利用天然河道,减少交叉建筑物。

6.1.2 用水管理技术措施

根据灌区抗旱减灾、服务农业生产、保障国家粮食安全等公益性或准公益职责、任务，明确了灌区的性质，界定政府、灌区专管机构、农民用水合作组织等各自应承担的责任、权利、义务，用水管理技术具体表现在以下几个方面。

6.1.2.1 管护机构、人员及经费

要按照“精简、高效”的原则进行灌区管理机构设置及人事制度改革。灌区管理单位要按照企业运作方式，精简机构和人员，合理确定机构职责和人员编制。推行和完善领导干部目标责任制、灌区管理以需设岗、按岗聘位、竞争上岗。形成有效的激励机制和约束机制，并采取各种措施提高灌区管理人员的业务素质和政策水平，加强对现有职工的技术培训，提高灌区管理的整体水平。

明确要求水利工程管理单位应严格定编定岗，各水利工程管理单位要根据国务院水行政主管部门和财政部门共同制定的《水利工程管理单位定岗标准》，在批准的编制总额内合理定岗，规范岗位职责及任职条件，优化水利工程管理单位人员配置，做到因事设岗、以岗定责、以工作量定员。制定管护规章制度，强化工程管理，提高工程管理水平，落实各项管护经费，促进灌区管理步入良性轨道。

6.1.2.2 灌区管理体制改革

根据国务院办公厅转发的《水利工程管理体制改革实施意见》的有关精神，结合中型灌区节水配套改造项目实施，进一步推进以用水户参与灌溉管理为特点的灌区管理体制改革。

1. 改革的指导思想、基本原则和目标

贯彻党中央、国务院关于农业、农村和农民问题的有关方针政策以及水利部门新时期治水思路，以改革灌区管理体制和运行机制为重点，以提高灌区管理水平和用水效率为核心，为灌区工程长期稳定发挥效益、不断改善农业综合开发区灌排条件提供保障。

坚持遵循市场经济规律、责权利相统一、国有资产保全、有利于节约用水、水费公平负担的原则。

通过改革,初步建立起与市场经济体制相适应,产权明晰、权责明确、高效灵活的新型灌区管理体制和运行机制,实现灌区水资源的优化配置和高效利用,理顺灌溉水价和水费收取方式,增强灌区实现自主管理、自我发展的能力,为农业增效、农民增收奠定坚实的水利基础。

2. 管理体制改革

建立健全民主管理体制,选择适应于本灌区发展的股份制、专管与群管结合以及用水户参与灌溉管理等管理模式,加大用水户民主监督和自主管理的力度;逐步确立管理单位的法人地位和经营自主权,明确灌区管理单位的责、权、利,实行独立核算、自主经营,真正把灌区管理单位作为一个运行管理主体,其经营自主权应受到法律的保护。有条件的地区可有计划地在灌区逐步推行"灌区管理单位[或供水实体+用水户协会+用水小组(农户)]"的管理模式,支持和引导农民积极参与灌溉管理。要以现有灌区管理单位为基础,成立一个或数个灌溉供水实体,由灌区管理单位(或供水实体)负责灌区水源工程、干支渠及其建筑物等骨干工程的管理、维护和经营。要以工程供水范围边界或水文单元边界为主并兼顾行政区划边界,成立若干用水户协会(用水户协会可视需要下设若干用水小组),并由用水户协会和用水小组负责灌区支渠以下非骨干工程、田间工程等小型工程的管理、维护和经营。用水户协会应具有法人资格,全权负责支渠以下工程的维护、配水、水费收缴,实行独立核算。小型工程应主要实行社会化管理,加大农民用水户参与管理、维护的力度,鼓励农民用水户以承包、租赁和股份制等方式经营管理。把灌区管理在计划经济体制下完全依属于行政机构的体制转变到适应市场经济的轨道上来。

3. 运行机制改革

明确灌区的经营自主权,使灌区尽快由工程管理向经营管理转变。灌区应普遍推行供需双方直接见面,实行有计划用供水、按合同供水。由灌区管理单位(或供水实体)与用水户协会签订供水合同,明确双方的权利和义务。灌区管理单位(或供水实体)应做到适时、适量、科学合理供水,用水户协会和用水农户应做到及时足额缴纳灌溉水费,以满足灌区工程设施运行维护需要。

4. 实施步骤

在进行江宁河灌区节水配套改造项目实施的同时,应同步进行灌区管理体制改革。根据灌区实际情况,初始阶段可先在灌区内选择一条或数条工程设施和运行条件较好的干渠或支渠进行改革试点。待取得经验后再在全灌区推开。应成立灌区改革试点工作小组,按照相关法律、法规和有关政策,结合本地区、本灌区的实际情况,提出试点实施方案,经南京市政府或水行政主管部门批准后实施。各级水利部门要在当地党委、政府的统一领导下,加强对灌区管理体制改革的领导和指导,积极与同级发展改革、财政、农发、工商、物价和民政等部门沟通、协调,共同做好灌区管理体制改革工作。

6.1.2.3　农业水价综合改革

当前,国家粮食安全、农民增收减负、干旱缺水严重是我国农村工作面临的重要问题。以农业灌溉特别是大中型灌区为核心的农田水利系统是解决这些问题的重要基础。因此,推进大中型灌区农业水价综合改革,构建农田水利良性运行的长效机制,直接关系到国家的粮食安全、农民增收减支、节水型社会建设以及水管体制改革的大局。

灌溉水费是灌区管理单位的主要经济来源。合理确定水价、足额收取水费,不仅能加快灌区发展,逐步做到良性运行,减轻国家负担,而且能提高用水户对参与灌区管理的认识和节约用水意识,更自觉、积极地参与灌区的建设和管理。

1. 供水价格核定

水价核定必须遵循价值规律。水利工程供水价格应按照补偿成本、合理收益、优质优价、公平负担等原则并考虑需水的不确定性等因素来制定,并根据供水成本、费用及市场价供水的变化情况适时调整。

水利工程的资产和成本、费用,应在供水、发电、防洪等各项用途中合理分类补偿。水利工程供水所分摊的成本、费用由供水价格补偿。具体分摊和核算办法,按国家财政、发展改革(价格)和水行政主管部门的有关规定执行。

根据国家有关政策以及用水户的承受能力,水利工程供水实行分类定价。农业用水价格按补偿供水生产成本、费用的原则核定,不计利润和税金。非农业用水价格在补偿供水生产成本、费用和依法计税的基础上,按供水净资产计提利润,利润率按国内商业银行长期贷款利率加2~3个百分点确定。

2.水费收取

根据《水利工程供水价格管理办法》的有关规定,水利工程供水实行计量收费。尚未实行计量收费的,应积极创造条件,实行计量收费。暂无计量设施、仪器的,由有管理权限的价格主管部门会同水行政主管部门确定合适的计价单位。实行"两部制"水价的水利工程,基本水费按用水户的用水需求量或工程供水容量收取,计量水费按计量点的实际供水量收取。

在制定农业水价时还要充分体现国家扶持农业的政策,同时也要考虑水资源状况,不同地区应该有不同的水价标准和计价方式。南京地区经济相对比较发达,农民市场经济意识较强,人均收入较高,农户经济承受能力较强,可按完全供水成本定价,并可考虑采取"两部制"水价,在计量水价部分亦可实行浮动水价。

6.2　江宁区灌区节水管理模式

江宁区灌区工程大多建于20世纪60~70年代,渠道老化严重,部分灌区由于建设标准低,设计渠道工程未达到设计断面,达不到设计过水能力;田间工程配套严重不足,大多数建筑物出现不同程度的裂缝、沉陷,甚至坍塌;管理方式落后,凭经验管理,造成人为的水资源浪费。

本书根据基于灰色关联分析法的中型灌区节水改造效益评价,以及灌区所采用节水改造措施及灌区存在情况与问题、解决关键问题的核心技术,结合中型灌区节水改造措施的研究,将实用可行、效果良好、可操作性强、群众易于接受的技术进行总结提炼,形成江宁区的节水管理模式。本书对江宁区中型灌区效益及改造措施分析总结,结合江宁区的自然、社会、经济等特点形成了以下两种节水管理模式。江宁区中型灌区主要影响指标及改造措施见表6-1。

表 6-1　江宁区中型灌区主要影响指标及改造措施

关键性指标	实际改造措施
灌溉水利用系数+排涝达标率+田间工程配套率+灌溉水水质	渠道衬砌+田间工程改造及配套+泥沙处理
供水成本+节水面积率+灌溉水利用系数	水源联合调度+骨干工程衬砌+田间工程配套
田间工程配套率+供水成本+用水户协会覆盖率+灌溉水利用系数	渠道衬砌+田间工程改造及配套+管理体制改革
供水成本+排涝达标率+灌溉水水质	水源联合调度+渠道衬砌+排涝防渍+泥沙处理

（1）渠道防渗+水稻节水灌溉+经济作物高效节水技术+信息化管理模式。

模式特点：建好渠道防渗工程，防止渠道冲刷、淤积及坍塌，稳定渠道，保证输水安全。改造分水及排水建筑物，完善量水设施，进行田间工程配套和标准农田建设，同时进行灌区信息化建设，改善用水管理手段，实现水资源优化配置，提高用水效率。

技术要求：渠道防渗主要有土料防渗、水泥土防渗、砌石防渗、膜料防渗、混凝土防渗、沥青混凝土防渗及暗渠（管）等工程措施，应根据渠道工程现状、地质条件、设计流量、节水、冲沙排沙、防冲防淤等要求，设计不同的防渗形式和断面结构；大力推行水稻节水灌溉技术；在农业与其他用水矛盾大、劳动力缺乏、经济实力强、农民素质高的城市郊区和其他经济发达地区，应重点调整种植结构，结合设施农业发展高附加值作物（蔬菜、花卉等）喷微灌技术；灌区信息化建设主要包括信息基础设施建设、信息应用系统建设和信息化保障环境建设等三大类；该节水改造模式除上述关键技术外，还应根据灌区具体特点与问题，考虑相应配套技术应用,如大力发展设施农业、农艺综合节水、加强灌区信息化建设等。

(2)水源联合调度+骨干渠道衬砌+田间工程配套+排涝防渍模式。

模式特点:利用灌区内外各种水源工程规模的优化配置对灌区内各种输水渠道的优化续建,多水源系统内的优化运行提高灌溉效益。在渠首、渠系以及农田等环节多方面技术相结合,提高水分利用率。

技术要求:实行资源共享,水源联合优化调度,具备先进的系统运行软件进行优化调度和科学决策;干渠和支渠采用混凝土衬砌,改善灌区灌溉条件,减少渠道渗漏水量;田间工程规划必须有利于灌溉、排水和排渍,便于控制地下水位;畦田改造以一端临灌溉农渠或毛渠,别一端临排水农沟,田块为长方形,每块3亩左右。

第7章　结论与建议

7.1　结　论

中型灌区是我国重要的农业基础设施,在我国农业生产特别是粮食生产中发挥着重要的支撑保障作用,但是大多建于20世纪50~70年代初期,经过多年运行,灌区普遍存在问题,限制了灌区效益发挥,不利于灌区发展。因此,江宁区依托推进农业水价综合改革的势头,针对中型灌区节水配套改造综合评价问题、节水改造模式以及相应对策进行研究分析,为中型灌区的节水改造建设和管理提供理论依据。

(1)针对江宁区中型灌区的特点,根据评价体系建立原则,通过对灌区节水改造效益的33个影响因素的分析,构建出江宁区中型灌区节水改造效益指标评估体系,该评价体系包括社会效益、经济效益、工程效益、管理效益、生态效益5个方面15个评价指标。

(2)根据灌区经济水平较高的实际情况,结合灌区规划要求,对江宁区比较具有代表性的横溪河灌区进行水资源评价以及供需平衡分析。对横溪河灌区、江宁河灌区的节水技术与措施进行调查汇总,又通过了解灌区工程建设与管理现状,结合灌区实际情况,综合比较分析不同节水技术的适应性。

(3)建立基于实码加速遗传算法的投影寻踪评价模型,对江宁区中型灌区采用的高效节水技术的适宜性进行分析评价;根据高效节水灌溉技术的应用需求,提出必要的农业种植结构调整策略。

(4)本书选择江宁河灌区作为典型灌区,并针对其节水规划方案进行了简单总结,分为两个方面:工程措施、用水管理技术措施。

(5)根据基于灰色关联分析法的中型灌区节水改造效益评价,总结影响横溪河灌区节水改造的关键性因素,并结合灌区所采用节水改造措施及灌区存在情况与问题、解决关键问题的对策，将实用可行、效果良好、可操作性强、群众易于接受的技术进行总结提炼，形成了两种适用于江宁区中型灌区的节水改造模式，为江宁区中型灌区节水改造建设与管理提供了理论依据。

7.2　建　议

江宁区中型灌区节水管理模式研究包含社会、工程、管理及生态各个方面，是一个复杂的研究工作，虽然取得了一定的进展，但还是有很多问题需要进一步研究分析。

(1)指标体系的科学性、合理性有待进一步验证。在改造评价过程中需要工作人员根据灌区的实际情况具体问题具体分析，并不断地完善和更新指标体系，选择更为合理的评价方法。

(2)本书给出的节水管理模式并不一定最适合江宁区中型灌区，需要在实践中检验，得出江宁区中型灌区节水发展的最优模式。

(3)本书对江宁区中型灌区节水管理模式的研究只是粗略研究，对于节水管理模式还应进一步研究，节水规划方案需要进一步完善和充实。

参考文献

[1] Adimalla N. Spatial distribution, exposure, and potential health risk assessment from nitrate in drinking water from semi-arid region of South India[J]. Human and Ecological Risk Assessment. 2020, 26(2): 310-334.

[2] Chen H, Huo Z, Zhang L, et al. New perspective about application of extended Budyko formula in arid irrigation district with shallow groundwater[J]. Journal of Hydrology. 2020, 582:124496.

[3] Dhakal A, Rai R K. Who Adopts Agroforestry in a Subsistence Economy? - Lessons from the Terai of Nepal[J]. Forests. 2020, 11(5):565.

[4] Doddabasawa, Chittapur B M, Murthy M M. Structural analysis and mapping of agroforestry systems under irrigated ecosystem in north-eastern part of Karnataka, India[J]. Agroforestry Systems. 2019, 93(5SI): 1701-1716.

[5] Harby M, Naoya F. Water saving scenarios for effective irrigation management in Egyptian rice cultivation[J]. Ecological Engineering. 2014,70:11-15.

[6] Islam A T, Shen S, Yang S, et al. Assessing recent impacts of climate change on design water requirement of Boro rice season in Bangladesh[J]. Theoretical and Applied Climatology. 2019, 138(1-2): 97-113.

[7] Jiang G, Wang Z. Scale Effects of Ecological Safety of Water-Saving Irrigation: A Case Study in the Arid Inland River Basin of Northwest China[J]. Water. 2019, 11(9):1886.

[8] JinMing C, Gang C, ShiXiang G, et al. Advances in research of greenhouse gasses emission reduction by agricultural irrigation engineering[J]. Journal of Information and Optimization Sciences. 2017, 38(7):1117-1136.

[9] Khiabani M Y, Shahadany S M H, Maestre J M, et al. Potential assessment of non-automatic and automatic modernization alternatives for the improvement of water distribution supplied by surface-water resources: A case study in Iran [J]. Agricultural Water Management. 2020, 230:105964.

[10] Kumara K T M, Kumar S, Aditya K S, et al. Economic impact of tank rehabilitation in rainfed region of India [J]. Indian Journal of Agricultural Sciences. 2020, 90(3): 589-592.

[11] Laspidou C S, Mellios N K, Spyropoulou A E, et al. Systems thinking on the resource nexus: Modeling and visualisation tools to identify critical interlinkages for resilient and sustainable societies and institutions[J]. Science of the Total Environment. 2020, 717:137264.

[12] Li D, Du T, Cao Y, et al. Quantitative analysis of irrigation water productivity in the middle reaches of Heihe River Basin, Northwest China[J]. International Journal of Agricultural and Biological Engineering. 2019, 12(5): 119-125.

[13] Liu D, Guo D, Fu Q, et al. Analysis on the influencing factors of effective utilization coefficient of irrigation water in irrigation districts based on Horton fractal theory[J]. Water Supply. 2019, 19(6): 1695-1703.

[14] Liu W, Fu Q, Meng J, et al. Simulation and analysis of return flow at the field scale in the northern rice irrigation area of China[J]. Agricultural Water Management. 2019, 224:105735.

[15] Liu X, Shi L, Engel B A, et al. New challenges of food security in Northwest China: Water footprint and virtual water perspective[J]. Journal of Cleaner Production. 2020, 245:118939.

[16] Mahadevan P, Ramaswamy S N. Statistical studies on planning for water resource management on Vaigai reservoir catchment on Vaigai river, Tamil Nadu state, India[J]. Indian Journal of Geo-Marine Sciences. 2020, 49(4): 665-677.

[17] Mehra M, Singh C K. Identification of resource management domain-specific best practices in the agriculture sector for the Mewat region of Haryana, India[J]. Environment Development and Sustainability. 2019, 21(5): 2277-2296.

[18] Moharir K, Pande C, Singh S K, et al. Spatial interpolation approach-based appraisal of groundwater quality of arid regions[J]. Journal of Water Supply Research and Technology-Aqua. 2019, 68(6): 431-447.

[19] Mu L, Wang C, Xue B, et al. Assessing the impact of water price reform on farmer's willingness to pay for agricultural water in northwest China[J]. Journal of Cleaner Production. 2019, 234: 1072-1081.

[20] Palanisamy A, Karunanidhi D, Subramani T, et al. Demarcation of groundwater quality domains using GIS for best agricultural practices in the drought-prone Shanmuganadhi River basin of South India[J]. Environmental Science and Pollution Research. 2021, 28(15SI): 18423-18435.

[21] Patil J P. Formulation of integrated water resources management (IWRM) plan at district level: a case study from Bundelkhand region of India[J]. Water Policy.

2020, 22(1): 52-69.

[22] Reddy V R, Rout S K, Shalsi S, et al. Managing underground transfer of floods for irrigation: A case study from the Ramganga basin, India[J]. Journal of Hydrology. 2020, 583:124518.

[23] Sangeetha S, Krishnaveni M, Mahalingam S. GIS based seasonal variation of groundwater quality and its suitability for drinking in Paravanar river basin, Cuddalore district, Tamil Nadu, India[J]. Indian Journal of Geo-Marine Sciences. 2020, 49(4): 686-694.

[24] Sinha R, Gilmont M, Hope R, et al. Understanding the effectiveness of investments in irrigation system modernization: evidence from Madhya Pradesh, India[J]. International Journal of Water Resources Development. 2019, 35(5): 847-870.

[25] Thompson T L, Huan Cheng P, Yu Yi L I. The Potential Contribution of Subsurface Drip Irrigation to Water-Saving Agriculture in the Western USA[J]. Agricultural Sciences in China. 2009, 8(7):850-854.

[26] Uddin M T, Dhar A R. Assessing the impact of water-saving technologies on Boro rice farming in Bangladesh: economic and environmental perspective[J]. Irrigation Science. 2020, 38(2): 199-212.

[27] Waleed M, Ahmad S R, Javed M A, et al. Identification of irrigation potential areas, using multi-criteria analysis in Khyber District, Pakistan[J]. Environmental Science and Pollution Research. 2020, 27(32SI): 39832-39840.

[28] Webster A J, Cadenasso M L. Cross-scale controls on the in-stream dynamics of nitrate and turbidity in semiarid agricultural waterway networks[J]. Journal of Environmental Management. 2020, 262:110307.

[29] Wen Y, Shang S, Rahman K U, et al. A semi-distributed drainage model for monthly drainage water and salinity simulation in a large irrigation district in arid region[J]. Agricultural Water Management. 2020, 230:105962.

[30] Xu X, Guanhua H, Zhongyi Q, et al. Assessing the groundwater dynamics and impacts of water saving in the Hetao Irrigation District, Yellow River basin[J]. Agricultural Water Management. 2010, 98(2):301-313.

[31] Yue Q, Zhang F, Zhang C, et al. A full fuzzy-interval credibility-constrained nonlinear programming approach for irrigation water allocation under uncertainty[J]. Agricultural Water Management. 2020, 230:105961.

[32] Yuguda T K, Li Y, Zhang W, et al. Incorporating water loss from water storage and conveyance into blue water footprint of irrigated sugarcane: A case study of

Savannah Sugar Irrigation District, Nigeria[J]. Science of the Total Environment. 2020, 715:136886.

[33] Zhanjun L, Zhujun C, Pengyi M, et al. Effects of tillage, mulching and N management on yield, water productivity, N uptake and residual soil nitrate in a long-term wheat-summer maize cropping system[J]. Field Crops Research. 2017, 213:154-164.

[34] 迪力江·买买提. 塔里木河近期综合治理成效评价[J]. 水利科学与寒区工程, 2020, 3(3): 82-84.

[35] 克拜尔·热合木吐拉. 新疆阿克陶县田间高效节水建设项目经济效益评价及环境保护分析[J]. 水资源开发与管理, 2020(1): 58-61.

[36] 蔡玉. 北京市节水型社会建设评价指标体系研究[D]. 北京: 北京建筑大学, 2019.

[37] 曹飞凤,张泽航. 绍兴市水资源保障与高效利用现代化评价研究[J]. 资源节约与环保, 2020(7): 179-180.

[38] 曹金萍. 节水目标下的农业水价改革研究[D]. 泰安:山东农业大学, 2014.

[39] 曾艳丽,赵贤豹,孙建国. 关于提高灌溉用水效率的思考[J]. 水利科技与经济, 2011,17(9): 82-83.

[40] 陈会云,于淼,邱静. 水稻节水型灌溉技术仍需大力推广——桦南县向阳山灌区节水技术示例[J]. 黑龙江水利科技,2008(1): 173.

[41] 陈静慧. 水资源"农转非"利益补偿机制[D]. 杭州:浙江工商大学, 2008.

[42] 陈娟. 高效节水灌溉项目后评价技术研究[D]. 扬州:扬州大学, 2016.

[43] 陈丽,朱美玲. 新型服务主体高效节水灌溉服务质量评价方法及其应用研究[J]. 节水灌溉,2020(7): 101-105.

[44] 陈蓉. 新型服务主体高效节水灌溉服务的质量评价方法分析[J]. 农业科技与信息,2021(6):113-115.

[45] 陈芝键. 水利工程灌区节水技术思考[J]. 水利科技与经济,2008(5): 404-405.

[46] 崔岚. A公司高效节水灌溉设备生产项目评价及实施策略[D]. 长春:吉林大学, 2014.

[47] 丁相锋. 陕西省交口抽渭灌区输配水系统优化及效益评价研究[D]. 咸阳:西北农林科技大学, 2020.

[48] 窦艳芬,赵广,姜岩. 天津市农业绿色发展水平的综合评价[J]. 中国农机化学报,2021, 42(1): 159-165.

[49] 范婷. 鄯善县农业节水技术公司化服务模式绩效评价[D]. 乌鲁木齐:新疆农业大学, 2016.

[50] 方迪,王迎. 云南省高效节水减排工程中减排效益的评价研究[J]. 水利发展研究,2017, 17(1): 63-67.
[51] 冯海花. 高效节水灌溉项目目标与可持续性后评价研究[J]. 吉林水利,2019(6): 49-51.
[52] 冯欣. 农业水价利益相关者研究[D]. 郑州:中国农业科学院, 2018.
[53] 冯玉宝. 对水利工程灌区节水技术的思考[J]. 黑龙江科学. 2014, 5(6): 55.
[54] 郭晋川,黄凯,蔡德所,等. 糖料蔗节水灌溉方式综合评价研究[J]. 中国农村水利水电, 2015(11): 6-10.
[55] 郭增涛. 江西省中型灌区改造现状及改造前景[J]. 黑龙江科技信息,2010(6): 236.
[56] 韩晓辉. 浅谈水利工程灌区节水技术改造[J]. 黑龙江科技信息,2014(14): 172.
[57] 郝增胜. 基于 AHP-二元语义威县高效节水灌溉项目满意度评价[J]. 水科学与工程技术,2020(6): 60-63.
[58] 贺诚. 农业节水技术区域效益评价方法研究[D]. 乌鲁木齐:新疆农业大学, 2015.
[59] 贺诚,朱美玲. 区域尺度农业高效节水技术效益评价指标体系研究[J]. 节水灌溉,2013(12): 79-82.
[60] 黄荣华. 桂西南糖料蔗区不同灌溉方式适应性评价研究[D]. 南宁:广西大学, 2019.
[61] 姜润敏. 滦南县群众灌区节水技术[J]. 河北农业科技,2008(2): 45.
[62] 雷嘉敏. 哈密市伊州区农业高效节水技术应用效果评价[D]. 乌鲁木齐:新疆农业大学, 2016.
[63] 李爱霞. 红崖山灌区节水技术改造潜力与效益分析[J]. 甘肃水利水电技术, 2004(1): 33-34.
[64] 李春艳. 册田水库杨庄分灌区节水技术改造设计分析[J]. 黑龙江水利科技,2018, 46(1): 89-90.
[65] 李国杰. 高效节水滴灌工程环境影响评价及保护对策[J]. 黑龙江水利科技,2016, 44(3): 138-140.
[66] 李洪明. 关于水利工程灌区节水技术的几点建议[J]. 黑龙江科技信息, 2016(8): 209.
[67] 李金山. 惠城区中型灌区改造现状分析与发展对策[J]. 吉林水利,2016(4): 56-58.
[68] 李俊. 区域高效节水灌溉发展水平综合评价研究——以内蒙古自治区为例

[J]. 水利技术监督,2018(5):70-72.
[69] 李俊. 高效节水灌溉项目综合效益评价研究[J]. 内蒙古水利,2018(4):57-58.
[70] 李俊漫,卢敏,舒心,等. 组合赋权法在节水灌区综合效益评价中的应用[J]. 河南科学,2019, 37(1):70-77.
[71] 李俊漫,张慧颖,舒心,等. 云南省大型高效节水灌区综合效益评价[J]. 水利规划与设计,2019(5):51-53.
[72] 李科. 我国农业水资源可持续利用的对策研究[D]. 成都:成都理工大学,2007.
[73] 李其非,朱美玲. 高效节水灌溉工程运行管理综合评价指标体系构建[J]. 天津农业科学,2018, 24(5):44-50.
[74] 李晓渊. 新疆干旱区农业高效节水灌溉技术示范经济评价研究[D]. 乌鲁木齐:新疆农业大学, 2010.
[75] 李晓渊,朱美玲,何继武. 新疆干旱区农业高效节水灌溉技术经济评价指标体系构建初探[J]. 农村经济与科技,2010, 21(4):62-63.
[76] 李友生. 农业水资源可持续利用的经济分析[D]. 南京:南京农业大学,2004.
[77] 李悦. 区域效益评价指标体系中指标的设计与研究[J]. 水资源开发与管理, 2018(2):34-39.
[78] 李志军,王媛媛. 新疆库山河流域灌区水资源与灌溉用水效率分析评价[J]. 西北水电,2020(6):44-47.
[79] 梁书民,于智媛. 我国水资源的农业开发潜力评价及对策[J]. 农业经济问题,2016, 37(9):61-70.
[80] 刘迪,潘浩. 哈尔滨市双城区高效节水模式优选与综合评价分析[J]. 水利科学与寒区工程,2020, 3(5):171-174.
[81] 刘帝. 灌区水权转让与虚拟水补偿耦合模型的开发及应用[D]. 咸阳:西北农林科技大学, 2016.
[82] 刘尔渠. 水利工程灌区节水技术浅析[J]. 黑龙江科技信息,2009(18):15.
[83] 刘慧. 绿洲现代农业节水技术支撑体系及效益评价研究[D]. 石河子:石河子大学, 2010.
[84] 刘克. 辽阳灌区综合效益评价[J]. 内蒙古水利, 2020(10):63-65.
[85] 刘勤. 宁夏引黄灌区节水技术体系研究初探[J]. 水资源与水工程学报, 2009, 20(4):137-140.
[86] 刘思远. 干旱地区灌区水资源及灌溉水利用系数评价[J]. 山西水利科技,

2019(2)：56-58.

[87] 刘涛. 干旱半干旱地区农田灌溉节水治理模式及其绩效研究[D]. 南京:南京农业大学，2009.

[88] 刘曦. 区域节水水平评价研究[D]. 北京:北京林业大学，2011.

[89] 刘效群. 富裕县节水增粮行动效益分析与经济评价[J]. 现代农业科技，2017(1)：172-177.

[90] 卢家海. 基于熵理论的集对分析模型在高效节水灌溉项目评价中的应用[J]. 水利科技与经济，2019，25(7)：66-68.

[91] 卢家海，李爱云. 集对分析与可拓学耦合在节水灌溉后评价中的应用[J]. 水科学与工程技术，2019(6)：1-4.

[92] 卢伟. 农业高效节水项目区域效益评价管理系统设计[D]. 乌鲁木齐:新疆农业大学，2017.

[93] 罗琳. 河北省小型农田水利建设项目绩效评价实证研究[D]. 保定:河北农业大学，2014.

[94] 门宝辉，梁川，赵燮京. 井灌区节水技术模式综合评价模型[J]. 节水灌溉，2003(5)：1-3.

[95] 苗慧英，李月霞，徐国防，等. 区域高效节水灌溉效应评价研究与实践[J]. 水科学与工程技术，2021(1)：53-57.

[96] 潘浩. 哈尔滨市双城区高效节水灌溉工程技术模式适宜性评价与应用[D]. 哈尔滨:黑龙江大学，2019.

[97] 裴兴. 辽宁省辽阳灌区综合效益评价[J]. 水利科学与寒区工程，2020，3(5)：115-117.

[98] 彭茂群. 浅谈惠东县高效节水灌溉工程施工及评价[J]. 陕西水利，2019(5)：94-95.

[99] 秦潮，胡春胜. 华北井灌区节水技术模式集成与实践[J]. 干旱地区农业研究. 2007(4)：141-145.

[100] 孙伟，孟军. 农业节水与农户行为的互动框架:影响因素及模式分析[J]. 哈尔滨工业大学学报(社会科学版)，2011，13(2)：92-96.

[101] 汤英，鲍子云. 宁夏引黄灌区节水技术发展及节水潜力分析[J]. 水资源与水工程学报，2010，21(2)：157-160.

[102] 陶莉. 馆陶县地下水超采管理控制水位及治理效果评价研究[D]. 邯郸:河北工程大学，2018.

[103] 图布新. 新疆阿瓦提县水资源开发利用及“三条红线”指标落实状况评价分析[J]. 地下水，2020，42(3)：181-183.

[104] 王朝功. 高效节水项目效益及环境影响评价分析[J]. 河南水利与南水北调,2017(6):40-41.

[105] 王朝勇、王君勤. 南方季节性缺水灌区节水技术适用性探讨[J]. 四川水利,2005(3):40-42.

[106] 王成福,刘军,朱美玲. 农业节水公司托管服务模式效果评价指标体系研究[J]. 节水灌溉,2016(3):72-74.

[107] 王春素. 高效节水灌溉措施及效益评价[J]. 水利技术监督,2014, 22(4):50-52.

[108] 王娟. 基于系统动力学的绿色建筑综合效益评价研究[D]. 赣州:江西理工大学, 2020.

[109] 王鹏,陈思璇,李长江. 贵州省农业灌溉水资源高效利用途径研究[J]. 安徽农业科学,2015, 43(11):229-231.

[110] 王鹏,王群,张和喜,等. 基于投影寻踪聚类模型的贵州灌排保障能力评价研究[J]. 节水灌溉,2011(12):67-69.

[111] 徐得昭. 农业节水灌溉管理存在问题及对策分析——以青海省为例[J]. 江西农业,2018(16):63.

[112] 徐征,负汝安,王继光,等. 山东省引黄灌区节水技术应用研究[J]. 山东水利,2002(2):26-27.

[113] 薛媛,牛最荣,张芮,等. 石羊河流域高效节水灌溉项目综合效果评价[J]. 水利规划与设计,2019(5):100-103.

[114] 薛媛,牛最荣,赵霞,等. 基于模糊层次分析法的疏勒河流域高效节水灌溉项目综合效果评价[J]. 甘肃农业大学学报,2019, 54(2):147-154.

[115] 杨振亚. 农业水价定价与生产用水补偿耦合模型研究[D]. 咸阳:西北农林科技大学, 2017.

[116] 杨志. 宁夏引黄灌区灌溉管理模式及测流方法的研究[D]. 西安:西安理工大学, 2004.

[117] 于智媛,梁书民. 基于 Miami 模型的西北干旱半干旱地区灌溉用水效果评价——以甘宁蒙为例[J]. 干旱区资源与环境,2017, 31(9):49-55.

[118] 余航. 北屯灌区节水改造项目综合效益评价分析[J]. 水利科技与经济,2019, 25(4):71-74.

[119] 袁桂莉. 水利工程灌区节水技术的几点建议[J]. 黑龙江科技信息,2016(2):185.

[120] 战博,杨小玲,郑吉澍,等. 重庆市农业节水灌溉现状分析及评价体系研究[J]. 安徽农业科学,2018, 46(16):192-193.

[121] 张恒铭. 甘肃省高效节水灌溉发展现状、需求分析及效益评价[J]. 甘肃水利水电技术,2016, 52(9):42-46.

[122] 张建玲,尹纪成,王传英. 水库灌区节水技术改造与水资源平衡分析[J]. 水利天地,2007(11):34-35.

[123] 张金陆. 澄江高西社区节水减排项目水文监测评价工作探讨[J]. 中国水利,2016(17):50-51.

[124] 张军明. 姚磨高效节水灌溉项目区建设及效益评价[J]. 中国水利,2014(23):45-47.

[125] 张立民,李美娟. 肇东市高效节水灌溉设备适宜性评价[J]. 黑龙江水利,2016, 2(6):42-44.

[126] 张连峰. 农田水利工程灌区节水技术措施[J]. 现代农业研究,2018(3):21-22.

[127] 张千峰. 农业节水保障体系的探讨[J]. 现代农业,2010(7):83-84.

[128] 张彦仁. 宁夏南部山区库井灌区灌溉效果评价及节水模式研究[D]. 咸阳:西北农林科技大学, 2007.

[129] 周知辉,杨朗. 中型灌区改造实践及探讨[J]. 湖南水利水电,2010(4):94-96.

[130] 朱端端. 小型农田水利高效节水灌溉项目综合效益评价研究[D]. 西安:西安理工大学, 2017.

[131] 朱洁,刘学军,陆立国. 宁夏节水型灌区考核评价标准研究[J]. 中国农村水利水电,2019(1):13-15.

[132] 朱美玲. 田间农业高效用水核算与评价指标体系构建研究——基于高效节水技术应用[J]. 节水灌溉,2012(12):54-57.

[133] 朱美玲. 干旱绿洲灌区农业田间高效用水评价指标体系研究——基于田间高效节水灌溉技术应用[J]. 节水灌溉,2012(11):58-60.

[134] 朱美玲,刘军. 西北干旱区农业高效节水区域效益评价指标体系研究[J]. 节水灌溉,2016(2):95-100.